## Stillgewässer

Als Stillgewässer bezeichnet man alle Gewässer, die nicht fließen, also Tümpel, Weiher und Seen. Manche Stillgewässer trocknen zeitweise aus, andere sind so flach, dass sie im Winter bis zum Boden durchfrieren. Für größere Weiher wie im Foto ist eine ausgedehnte Röhricht- und Schilfzone typisch sowie eine Zone der Schwimmblattpflanzen mit See- oder Teichrosen. Auffällig sind die roten Blütenstände des Blutweiderich am Ufer.

## Wiesen

Genau genommen sind die uns bekannten Wiesen keine natürlichen Lebensräume, sondern durch landwirtschaftliche Nutzung entstandene Wirtschaftsflächen. Sie ersetzen im Allgemeinen gerodete Wälder. Gleichwohl sind sie Lebensraum für zahllose Tiere und Pflanzen (im Foto Scharfer Hahnenfuß und Kuckucks-Lichtnelke). Je nach Bewirtschaftung, Feuchtigkeit und Nährstoffzufuhr (Düngung!) unterscheidet man unterschiedliche Wiesenformen. Auch im Ablauf des Jahres wandeln sich die »Aspekte« (vgl. S. 26/27).

## Gärten und Parks

Die Blütenpracht in unseren Gärten und Parks soll in erster Linie uns Menschen gefallen. Dennoch kann man bei geschickter Auswahl der Arten und entsprechenden Hilfen (z. B. Nistmöglichkeiten für Vögel und Insekten) auch ein kleines »Paradies« für zahlreiche Tiere schaffen. Vögel benötigen z. B. Gehölze. Es ist heute unbestritten, welch große Bedeutung unsere städtischen Grünflächen für die heimische Tier- und Pflanzenwelt haben.

DR. MARIO LUDWIG

Mit Beobachtungs-Tipps für jeden Monat

# Natur ganz nah

Der praktische Erlebnisführer

blv

# Einführung

Für Menschen, die Freude an der Natur haben, gerne Tiere beobachten und Pflanzen entdecken, sind die verschiedenen Jahreszeiten ein bestimmendes Element: So freut man sich im Frühling auf die Frühblüher im Wald ebenso wie auf die ersten Schmetterlinge im Jahr und die Rückkehr der Zugvögel, während man im Sommer die Insektenvielfalt bewundert und die Düfte der Sommerwiesen genießt. Im Herbst prägen dann Frucht- und Samenreife sowie die Laubfärbung das Bild. Aber auch der Winter mit seinen reifüberzogenen Zweigen und Spuren im Schnee hat seinen Reiz. So zeigt jede Jahreszeit ihren eigenen unverwechselbaren Charakter und ihr eigenes Gesicht, das sich in typischen »Kennpflanzen« und stets wiederkehrenden tierischen Aktivitäten widerspiegelt. Lautet doch eine klassische Bauernregel – bereits vor vielen Jahrzehnten etwas holprig gereimt: »Von wilden Blümlein die roten/und Spechte sind Frühlingsboten«. Hinter solchen alten Sprüchen verbirgt sich jedoch eine durchaus anerkannte Wissenschaft, die zwar in der Vergangenheit bereits in Vergessenheit zu geraten schien, durch die globalen Klimaveränderungen jedoch in den letzten Jahren wieder enorm an Bedeutung gewonnen hat: die Phänologie. Die Phänologie ist die Wissenschaft, die sich mit diesen jährlich wiederkehrenden periodischen Erscheinungen beschäftigt. Jeder hat selbst schon festgestellt, dass diese Ereignisse nicht jährlich zum exakt gleichen Zeitpunkt eintreten, sondern vom aktuellen Wettergeschehen abhängig sind. Aber auch die Höhenlage einer Region und die geografische Lage haben einen starken Einfluss z. B. auf den Zeitpunkt des phänologischen Frühlingsbeginns. So vergehen im Allgemeinen 6 Wochen zwischen dem Beginn der Apfelblüte in warmen Klimaten Südwestdeutschlands und Gebirgslagen wie dem Thüringer Wald.

Sommer: Im Randstreifen von Getreidefeldern wachsen Wildkräuter wie Kamille und Klatschmohn.

Frühling: Bevor das Laubdach den Waldboden beschattet, bilden Frühblüher Blütenteppiche – hier Lerchensporn.

Die Beschäftigung mit dem Naturkalender war im viktorianischen England ein äußerst populäres Hobby. Für viele Menschen war es damals ein Vergnügen, jedes Jahr zu beobachten, wann bestimmte Pflanzen blühen, Schmetterlinge fliegen oder Vögel brüten. Heute wissen viele Menschen allerdings nicht mehr, wie, wo und wann sie sich diese elementaren Erlebnisse und Eindrücke erschließen können. An dieser Stelle setzt der Führer an: Mit einer Vielzahl von Anregungen, Hinweisen und Übersichten erläutert er, wann es was in der Natur zu sehen gibt. Durch die übersichtliche Gliederung findet der Benutzer rasch die Informationen, die ihn interessieren. Dabei folgt jede Monatsbeschreibung dem gleichen Schema: In einer kurzen Einleitung wird der Leser auf die phänologischen Geschehnisse des Monats eingestimmt. Danach folgen die Charakterarten des Monats – jeweils 3 monatstypische Tier- und Pflanzenarten werden im Porträt vorgestellt.
Anschließend sind dann auf einer weiteren Doppelseite Übersichten zu finden (Das sehe ich im Januar), in denen weitere für die Jahreszeit typische und häufige Arten, aber auch spezielle Beobachtungstipps aufgelistet sind. Ob Anwesenheits-

Diese Jahreszeit wird unübersehbar angezeigt durch das Verfärben der Laubblätter.

Winter: Jetzt herrscht Vegetationsruhe und nur wenige Tiere finden noch genügend Nahrung.

und Brutzeiten der Vögel, Insektenkalender, Blühzeiten der Blumen oder Blühzeiten und Samen-/Fruchtreife von Bäumen und Sträuchern – hier kann man sich schnell informieren, was im jeweiligen Monat alles »aktuell« ist.
Im Hauptteil werden dann für den jeweiligen Monat charakteristische Naturereignisse wie z.B. Blüten im Schnee, das Zirpen der Heuschrecken oder die Hasenhochzeit beschrieben und erklärt. Diese Texte geben vielfältige Anregungen für Entdeckungen auf Spaziergängen und Ausflügen, denn wenn man ein Phänomen kennt und darauf achtet, wird man es auch aufspüren.
Es würde den Rahmen dieses Buches sprengen, wenn alle in den Checklisten genannten Arten abgebildet und im Detail beschrieben würden, zumal dieses Buch sich ja als Anregung für Naturbeobachtugen und nicht als Bestimmungsbuch versteht. Wer die aufgezählten Arten nicht kennt, dem wird als passende Ergänzung »Der Tier- und Pflanzenführer für unterwegs« empfohlen. Nahezu alle hier erwähnten Arten werden dort in Wort und Bild vorgestellt. Nutzt man alle Informationen des Buches, wird jeder Naturspaziergang zum Erlebnis.

# Frühling

# MÄRZ

Der klassische Frühlingsmonat lässt alle Anzeichen des Erwachens erkennen.

Frühblüher wie das **Buschwindröschen** bilden in den Laubwäldern Blütenteppiche und in den Auwäldern drängen die ersten Blätter des **Bärlauchs** ans Licht.

Auch **Eibe** und **Lärche** blühen. Ihr gelber Blütenstaub wird vom Wind vertrieben und bildet an Gewässern oft einen gelben Ufersaum.

**Kranich** und **Weißstorch** sind aus Afrika zurückgekehrt.

Die Singzeit der **Amsel** erreicht jetzt ihren Höhepunkt und in der ersten warmen, regenreichen Nacht startet die **Krötenwanderung**.

Gegen Ende des Monats beginnt die Brutzeit der meisten **Standvögel**.

Der **Rothirsch** wirft in den Wäldern sein Geweih ab.

# Charakterarten

## Buschwindröschen

*(Anemone nemorosa)*

In den heimischen Laub- und Laubmischwäldern entfalten sich im Frühjahr wahre Blütenteppiche, wenn die Buschwindröschen zu blühen beginnen. Der zu den Hahnenfußgewächsen zählende Frühblüher ist weit verbreitet. Die Blüten besitzen 6–8 weiße Kronblätter und zahlreiche gelbe Staubblätter. Die Blütenblätter werden leicht vom Wind abgerissen, was wohl die Namensbildung erklärt. Die Blüten werden von verschiedenen Insekten bestäubt. Früher wurde die Pflanze in der Homöopathie bei Magenbeschwerden und rheumatischen Erkrankungen eingesetzt.

## Scharbockskraut

*(Ranunculus ficaria)*

Die Blütenkrone dieses Frühblühers besteht aus 8–12 goldgelben, glänzenden Honigblättern. Das Scharbockskraut zählt zu den Hahnenfußgewächsen und bevorzugt schattige bis halbschattige Standorte in feuchten Laubwäldern und auf feuchten Wiesen. Die Bestäubung erfolgt durch Insekten. Es kann aber auch zu einer ungeschlechtlichen Vermehrung mittels kleiner Brutknöllchen kommen. Früher wurden die reichlich Vitamin C enthaltenden Blätter als wichtiges Frühlingsgemüse gegen Skorbut (»Scharbock«) gegessen. Die Blätter dürfen aber nur vor der Blüte gegessen werden, danach entsteht in allen Pflanzenteilen ein brennender Giftstoff.

## Salweide

*(Salix caprea)*

Der sommergrüne Baum wird bis 10 m hoch und unterscheidet sich von allen anderen Weidenarten durch seine ovalen Blätter, die an der Oberseite kahl dunkelgrün und an der Unterseite filzig blaugrün sind. Die dicht behaarten Blütenstände, die so genannten Kätzchen, kommen oft bereits Anfang März zur Blüte. Die Salweide ist zweihäusig, d.h. männliche (Foto) und weibliche Blüten sind auf verschiedene Pflanzen verteilt. Dieser Baum ist eine sehr häufige und genügsame Art. Er besiedelt schnell neue Flächen. Die Salweide ist vor allem an Flussufern, Waldrändern oder auf feuchten Wiesen zu finden.

## Erdkröte

*(Bufo bufo)*

Die Erdkröte ist die größte heimische Kröte. Der Rücken ist warzig graubraun bis oliv, während der Bauch heller gefärbt ist. Die Pupille ist waagrecht, die Iris rotgolden. Unsere häufigste Amphibienart ist nachtaktiv und lebt in Wäldern, Kiesgruben und ähnlichen Biotopen. Ihre Laichgewässer können mehrere Kilometer von den Jahreslebensräumen entfernt sein. Im März werden Massenwanderungen zu den Laichgründen durchgeführt, bei denen zahlreiche Kröten dem Straßenverkehr zum Opfer fallen. Die Erdkröte ernährt sich von Würmern, Insekten und Nacktschnecken. Sie überwintert in Erdhöhlen oder unter Steinen.

## Amsel

*(Turdus merula)*

Während das Männchen dieses bekannten Singvogels ein pechschwarzes Gefieder und einen gelben Schnabel aufweist, ist das Weibchen dunkelbraun gefärbt und hat einen braunen Schnabel. Als Kulturfolger lebt die Amsel heute vorwiegend in Parks, Gärten und auch mitten in der Stadt. Sie ernährt sich von Würmern, Insekten und Früchten. Ihr Nest errichten Amseln auf Bäumen, in Gebüschen und an Gebäuden. Der Gesang besteht aus melodischen Flötentönen und wird vor allem in den Abendstunden vorgetragen. Als Teilzieher wandert ein Teil der Amseln im Winter in südliche Gefilde, während andere Individuen in unseren Breiten überwintern.

## Weißstorch

*(Ciconia ciconia)*

Der große weiße Schreitvogel mit den schwarzen Schwingen ist durch seine langen roten Beine und den langen roten Schnabel unverwechselbar und auch im Flug leicht an seinen ausgestreckten Beinen zu erkennen. Der Weißstorch benötigt feuchte Niederungen und extensiv bewirtschaftetes Grünland. Er ernährt sich von großen Insekten, Amphibien und Mäusen, gelegentlich auch von Junghasen und Jungvögeln. Bei Erregung klappert er mit dem Schnabel. Ursprünglich Baumbrüter, nistet er heute bei uns meist auf Dächern und Schornsteinen. Den Winter verbringt er in Afrika. Sein Erscheinen im März/April gilt vielerorts als Frühlingszeichen.

# MÄRZ

## Welche Vögel sind jetzt da?

Amsel *(Turdus merula)*
Rotkehlchen *(Erithacus rubecula)*
Türkentaube *(Streptopelia decaocto)*
Kohlmeise *(Parus major)*
Grünling *(Carduelis chloris)*
Feldlerche *(Alauda arvensis)*
Singdrossel *(Turdus philomelos)*
Kiebitz *(Vanellus vanellus)*
Star *(Sturnus vulgaris)*
Feldsperling *(Passer montanus)*

## Frühblüher

Leberblümchen *(Hepatica nobilis)*
Buschwindröschen *(Anemone nemorosa)*
Scharbockskraut *(Ranunculus ficaria)*
Gewöhnliche Kuhschelle *(Pulsatilla vulgaris)*
Echtes Lungenkraut *(Pulmonaria officinalis)*
Huflattich *(Tussilago farfara)*
Hohe Schlüsselblume *(Primula elatior)*
Hirtentäschelkraut *(Capsella bursa-pastoris)*
Rote Taubnessel *(Lamium purpureum)*

## Was blüht jetzt sonst noch?

Gundermann *(Glechoma hederacea)*
Frühlingsenzian *(Gentiana verna)*
Vogelmiere *(Stellaria media)*
Pestwurz *(Petasites hybridus)*
Schneeglöckchen *(Galanthus nivalis)*
Efeu *(Hedera helix)*
Kornelkirsche *(Cornus mas)*
Gefingerter Lerchensporn *(Corydalis solida)*
Sanddorn *(Hippophaë rhamnoides)*
Sumpfdotterblume *(Caltha palustris)*

## Frühlaicher

Erdkröte *(Bufo bufo)*
Knoblauchkröte *(Pelobates fuscus)*
Geburtshelferkröte *(Alytes obstetricans)*
Grasfrosch *(Rana temporaria)*
Springfrosch *(Rana dalmatina)*
Bergmolch *(Triturus alpestris)*
Kammmolch *(Triturus cristatus)*
Fadenmolch *(Triturus helveticus)*

### BEOBACHTUNGSTIPPS

- Massenversammlungen der Feuerwanzen
- Blüte der Roten Pestwurz
- Balzflüge der Kiebitze
- Frühlaicher
- Frühblüher – erste Frühlingsboten
- Distel und Distelfink
- Die Kreuzotter erwacht aus dem Winterschlaf
- Die Balz der Haubentaucher

# Beobachtungstipps

## Massenversammlungen der Feuerwanzen

Bereits im zeitigen Frühjahr, an warmen Tagen ab Anfang März, kann man in Gärten und Parks Massenversammlungen von Feuerwanzen antreffen. Die Insekten, die wegen ihrer auffälligen rotschwarzen Färbung im Volksmund auch »Feuerkäfer« genannt werden, haben jetzt nämlich ihre Winterquartiere im Laub oder in Mauerritzen verlassen. Um sich auf die Fortpflanzungszeit im April vorzubereiten, treffen sie sich – oft zu vielen Hunderten – an sonnenbeschienenen Orten, wie zum Beispiel am Boden unter Linden oder krautigen Malvengewächsen wie Hibiskus, Eibisch und Malve. »Einberufen« werden die Massenversammlungen durch die Abgabe von sogenannten »Aggregationspheromonen« – Botenstoffen, mit denen weitere Männchen bzw. Weibchen angelockt werden sollen.

Bereits ab März kann man Feuerwanzen sehen. Zur Fortpflanzung hängen die Paare aneinander.

Häufig kann man dann Feuerwanzenpärchen beobachten, die Hinterteil an Hinterteil offensichtlich fest verbunden hin und her laufen. Dabei handelt es sich um Tiere, die sich gerade paaren. Ein Akt, der auch mal gerne bis zu 20 Stunden dauern kann.

Obwohl Feuerwanzen, wenn sie bedrängt oder angegriffen werden, einen unangenehmen Geruch absondern können, sind die Tiere für Menschen völlig ungefährlich.

## Blüte der Roten Pestwurz

Im zeitigen Frühjahr zeigt auch die Rote Pestwurz ihre durchaus etwas bizarr wirkenden roten Blüten, die in kolbenartigen Blütenständen in Traubenform regelrecht in den Himmel ragen. Die zur Familie der Korbblütler gehörende Pflanze bevorzugt feuchte, nährstoffreiche Böden und ist daher oft am Wasser zu finden. Die Blätter der Pestwurz erscheinen erst nach der Blütezeit. Sie sind zunächst recht unscheinbar, wachsen aber bald zu regelrechten Riesen heran und erreichen manchmal eine Länge von bis zu einem Meter und eine Breite von bis zu 60 cm. Damit sind sie Rekordhalter in der heimischen Flora. Insgesamt bilden sie ein regelrechtes Dach über dem Boden, unter dem alles verschwindet.

Ihren Namen verdankt die Pestwurz der Tatsache, dass man im Mittelalter irrtümlich glaubte, der starke, von ätherischen Ölen verursachte Geruch, den die Pflanze verströmt, würde die Pest vertreiben. Bereits in der Antike wurde die Pestwurz als Heilpflanze gegen Schmerzen und Krämpfe eingesetzt. Und auch heute noch spielt die Pflanze mit den gewaltigen Blättern eine wichtige Rolle in der Kräutermedizin und wird zum Beispiel im Rahmen der Migränevorbeugung eingesetzt. Vor kurzem haben Archäologen entdeckt, dass die überdimensionalen Blätter der Pestwurz in der Bronzezeit als

Besonders in feuchten Bachgründen blüht die Pestwurz. Ihre riesigen Blätter entfalten sich erst später.

Toilettenpapier verwendet wurden. Kein Wunder also, dass die Pestwurz in Bayern noch heute ganz gerne als «Arschwurzen« bezeichnet wird.

## Balzflüge der Kiebitze

Im März kann man im Luftraum über Wiesen und Weiden die spektakulären Balzflüge der Kiebitze beobachten. Die Männchen dieser etwa taubengroßen Vögel mit dem lustigen Federschopf auf dem Hinterkopf wollen dabei die ehrfurchtsvoll staunenden Weibchen mit geradezu atemberaubenden Flugmanövern von ihren Qualitäten überzeugen. In regelrechten Sturzflügen werfen sich die Männchen tollkühn in der Luft hin und her, trudeln senkrecht zu Boden und verursachen dabei mit ihren Flügeln laut wummernde Geräusche. Während der Balzflüge sind die Kiebitze auch äußerst stimmfreudig und lassen ständig ein durchdringendes «Kiewiet, kiewiet« erklingen. Ein Ruf, der den Vögeln auch ihren Namen eingebracht hat. Kiebitze sind übrigens monogam, das heißt, die Partner bleiben ein Leben lang beieinander. Lediglich ab und an frönen die Kiebitzherren der Polygamie und beglücken mehrere Weibchen. Leider haben in den letzten Jahren die Bestände des Kiebitzes in Deutschland durch die fortschreitende Zerstörung seiner Lebensräume durch die Intensivierung der Landwirtschaft stark abgenommen. Der einstige Charaktervogel unserer Wiesen- und Weidelandschaft ist deshalb ein Fall für die Rote Liste der gefährdeten Arten geworden.

## Frühlaicher

Der März ist die beste Jahreszeit, um das Wanderverhalten und Liebesleben unserer heimischen Amphibien zu beobachten, denn die Wanderung der Amphibien vom Winter- zum Sommerquartier hängt eng mit ihrem Fortpflanzungsverhalten zusammen. Man unterscheidet Frühlaicher und Spät-

Bei der Paarung der Knoblauchkröten werden die Weibchen von den kleineren Männchen im Lendenbereich von hinten umklammert.

laicher (s. S. 36). Die Frühlaicher werden aktiv, sobald das Thermometer deutliche Plusgrade in der Nacht anzeigt. Anfang März ist dann meist die so genannte Krötenwanderung bereits in vollem Gange. Aber auch Molche sowie Gras- und Springfrosch machen sich in großer Anzahl auf den Weg zu ihren Laichgewässern. Zur Eiablage suchen sie sich immer das Gewässer aus, wo sie selbst zur Welt gekommen sind. Nach dem Ablaichen verlassen die Frühlaicher das Gewässer und graben sich in der unmittelbaren Umgebung ein. Erst wenn die Bodentemperatur deutlich über 12 °C steigt, wandern sie zu ihren Sommerquartieren, wo sie bis zum Herbst bleiben.

Solange die Amphibien bei ihrer Wanderung keine Straßen überqueren müssen, stellen auch größere Entfernungen für sie keine Probleme dar. Eine Straße zu überqueren ist für die wechselwarmen Tiere, die in der kühlen Jahreszeit kurz nach dem Erwachen aus der Winterruhe ausgesprochen langsam sind, jedoch eine gefährliche Angelegenheit. So benötigt eine Erdkröte für die Überquerung einer vier Meter breiten Straße zwischen 2 und 5 Minuten. Die Chance, dass die Tiere in dieser Zeit bei starkem Verkehr heil die andere Straßenseite erreichen, ist äußerst gering. Viele Naturschutzverbände haben es sich daher zur Aufgabe gemacht, Amphibienschutzzäune entlang von stark befahrenen Straßen aufzustellen bzw. für den Bau von Amphibientunneln zu plädieren.

Wenn der Huflattich durch die Erde bricht, ist der Frühling angebrochen. Die gelben Blüten erscheinen noch vor den Blättern.

## Frühblüher – erste Frühlingsboten

Wo vor wenigen Tagen in unseren Laubwäldern noch ein tristes Grau-in-Grau vorherrschte, haben sich jetzt die grünen Blätterspitzen der so genannten Frühblüher durch das Laub geschoben und bald sind auch ihre Blüten in einer bunten Vielfalt zu beobachten. Diese spezielle Gruppe von Pflanzen muss die Zeit im Frühjahr nutzen, wenn einerseits der Boden nicht mehr so kalt wie im Winter und andererseits noch reichlich Sonnenlicht vorhanden ist, weil das Laub der Bäume noch nicht alles verdeckt. Deshalb bleibt den Frühblühern relativ wenig Zeit auszutreiben, die Blüten zu öffnen und den Samen zu bilden. Oft ist der Waldboden im März von bunten Teppichen aus Buschwindröschen oder Scharbockskraut bedeckt. Die Blütenpracht ist aber nur von kurzer Dauer, denn wenn die Blätter der Bäume ihnen später im Jahr das Licht nehmen, haben sich die Pflanzen bereits zurückgezogen und warten auf das nächste Frühjahr.

## Distel und Distelfink

Gegen Ende des Winters entdeckt man oft scharenweise Distelfinken *(Carduelis carduelis)*, die Straßenränder und Ödflächen nach Disteln absuchen, die den Winter stehend überdauert haben. Man sieht dann die bunt gezeichneten Vögel meist kopfüber an den Distelköpfen hängen, um aus ihnen die Samen herauszupulen, die ihre bevorzugte Nahrung (Name!) darstellen. Der zweite Name des Distelfinks ist »Stieglitz« und auf seinen Gesang zurückzuführen: Sein unverwechselbarer Ruf »stieg-litz« fungiert als Kontaktlaut zwischen den sehr geselligen Tieren. Eine Besonderheit des Distelfinks ist es, dass Männchen und Weibchen gleichermaßen prächtig gefärbt sind. Die Brutzeit beginnt im April. Sein Nest kleidet er, wie könnte es auch anders sein, gerne mit Disteln aus.

Die rote Gesichtsmaske, der weiße Bürzel und die gelbe Binde, die durch die schwarzen Flügel verläuft, machen den Distelfink unverkennbar.

## Balz des Haubentauchers

Jetzt kann man auf vielen unserer Stillgewässer gut das komplizierte Balzritual des Haubentauchers beobachten. Begonnen wird das aufregende Spektakel mit der sogenannten »Jungfernpose«, bei der die Vögel durch weithin hörbare Rufe darauf aufmerksam machen, dass sie einen Geschlechtspartner suchen. Als 2. Akt im Balzritual folgt dann die »Entdeckungszeremonie«: Ein Vogel nähert sich dem anderen durch Antauchen knapp unter der Wasseroberfläche. Höhepunkt der Balz ist dann der sogenannte »Pinguintanz«, bei dem sich die Geschlechtspartner Brust an Brust hoch im Wasser aufrichten, ihre Federkragen vorzeigen, die Köpfe schütteln und mit den Flügeln schlagen. Zum Balzritual gehört auch, dass die Vögel vom Grund des Sees symbolisch Futter bzw. Nistmaterial heraufholen und es dem Partner zeigen.

## Die Kreuzotter erwacht aus dem Winterschlaf

Unsere einzige einheimische Giftschlange, die Kreuzotter *(Vipera berus)*, hält normalerweise von Ende September bis Ende März Winterruhe. Im Gebirge (die Kreuzotter kommt in den Alpen bis auf 2500 m Höhe vor) erscheinen die Kreuzottern oft bereits, wenn die ersten Flächen schneefrei sind. Dann kann man die zu den Vipern gehörenden Schlangen mit dem charakteristischen Zickzack-Muster beim »Aufwärmen« an sonnenbeschienenen Stellen beobachten, in deren unmittelbarer Nähe noch Schnee liegt. Die Kreuzotter ist im Frühjahr gegen plötzliche Kälteeinbrüche wenig empfindlich. Auffällig ist, dass die Männchen früher im Jahr als die Weibchen erscheinen. Diese halten sich im Frühjahr noch längere Zeit in der unmittelbaren Umgebung des Winterquartiers auf. Übrigens: Die Chance von einer Kreuzotter gebissen zu werden ist sehr gering. Außerdem ist der Biss einer Kreuzotter so gut wie nie tödlich. Lediglich für sehr schwache oder kranke Menschen kann das Gift einer Kreuzotter lebensbedrohlich sein.

# Frühling

# APRIL

Die **Apfelblüte** kennzeichnet den Vollfrühling. Zuerst beherrscht das zarte Gelb der **Schlüsselblumen** unsere Wiesen, dann dominiert das kräftigere Gelb des **Löwenzahns**. In Kiesgruben blüht der **Huflattich**. Im Tierreich herrscht Aufbruchstimmung: **Eidechsen** und **Schlangen**, aber auch die **Fledermäuse** haben jetzt ausgeschlafen. Die ersten **Libellen** und immer mehr **Schmetterlinge** zeigen sich. Das wilde Toben der Hasenhochzeit erreicht im April seinen Höhepunkt. Das **Schalenwild** legt sein Winterkleid ab. Am Anfang des Monats kommen die **Rauchschwalben** und 14 Tage später die **Mehlschwalben** aus Afrika zurück. Der Frühlingsbote **Kuckuck** lässt jetzt seinen Ruf ertönen.

# Charakterarten

## Aronstab

*(Arum maculatum)*

Der keulenförmige Blütenstand (Blühzeit: April bis Mai) dieser Art ist von einem großen Hüllblatt, der so genannten Spatha umgeben. Dadurch entsteht ein Kessel mit verengtem Hals, an dessen Boden sich die Blüten befinden. Der Blütenstand funktioniert als Gleitfalle: Durch Duftstoffe angelockt, fallen Insekten in den Kessel und werden erst nach Bestäubung der weiblichen Blüten und Pollenaufnahme von den männlichen Blüten wieder entlassen. Der Aronstab bevorzugt schattige, feuchte Laubwälder als Lebensraum. Die ganze Pflanze ist äußerst giftig. Die roten Beeren können jedoch von Vögeln ohne Schaden gefressen werden.

## Löwenzahn

*(Taraxacum officinale)*

Der Löwenzahn ist eine der häufigsten und am weitesten verbreiteten Pflanzen in der heimischen Natur. Besonders im Frühling sind ganze Wiesen voller Löwenzahn zu sehen. Die aus zahlreichen gelben Zungenblüten bestehenden Blütenköpfchen sitzen auf einem röhrigen Stängel, der beim Abbrechen weißen Milchsaft freisetzt. Es gibt fast keinen Lebensraum, in dem dieser sehr anpassungsfähige Korbblütler nicht zu finden wäre. Den Fruchtstand bildet die bekannte »Pusteblume«. Der weiße Pappus dient dabei als Flugapparat. Löwenzahn wird nicht nur in vielen Arzneimitteln eingesetzt, seine jungen Blätter werden auch gern als Salat gegessen.

## Bärlauch

*(Allium ursinum)*

Bärlauch gehört zu den Liliengewächsen und gilt als Frühlingsbote. Bereits Ende März verbreitet sich sein typischer Knoblauchgeruch in feuchten Laub- und Auwäldern. Der Blütenstand ist eine weiße, meist vielblütige Trugdolde. Seinen Namen verdankt der Bärlauch den alten Germanen, die glaubten, sein Verzehr würde »Bärenkräfte« verleihen. Die Blätter werden (vor der Blüte!) vielseitig genutzt, z. B. als Salat, Suppeneinlage oder Pesto. Bärlauch wird von Sammlern immer wieder mit dem giftigen Maiglöckchen verwechselt, von dem er sich aber vor allem durch den o. g. Knoblauchgeruch unterscheidet.

## Feldhase

*(Lepus europaeus)*

Der Hase stammt ursprünglich aus der Steppenlandschaft und ist als Kulturfolger ein sehr anpassungsfähiges Tier. Er ist in Deutschland fast flächendeckend verbreitet. Vom Wildkaninchen unterscheidet er sich durch die deutlich längeren Ohren. Seine Nahrung besteht aus Gräsern und Feldfrüchten; besonders beliebt sind diverse Heilkräuter (Hasenapotheke). Vor seinen Fressfeinden schützen den Feldhasen seine meisterliche Tarnung sowie seine hohe Fluchtgeschwindigkeit mit den bekannten Haken. Der Feldhase ist durch Landschaftszersiedelung sowie die moderne Landwirtschaft vielerorts in seiner Existenz bedroht.

## Zweipunkt-Marienkäfer

*(Adalia bipunctata)*

Der Zweipunkt zeichnet sich durch auffällige Farbvariationen aus. Die typischen Exemplare haben 2 schwarze Punkte auf den orangeroten Flügeldecken. Es gibt jedoch unter anderem auch Käfer mit roten Flecken auf schwarzem Grund. Der Zweipunkt ist fast überall in der heimischen Vegetation zu finden. Sowohl die Larven als auch die erwachsenen Käfer ernähren sich von Blattläusen und werden deshalb zu den Nützlingen gerechnet. Diese häufigste Art der rund 70 heimischen Marienkäferarten überwintert oft in größeren Ansammlungen unter Rinde und Steinen, aber auch oft in menschlichen Behausungen, z.B. auf Dachböden oder in Kellern. Bei uns gilt die Art als Glücksbringer.

## Hausrotschwanz

*(Phoenicurus ochruros)*

Seinen Namen verdankt dieser zierliche Singvogel seinem rostroten Schwanz. Der Hausrotschwanz lebt in Wäldern, Gärten und Parks. Als ursprünglicher Felsenbewohner nistet der Halbhöhlenbrüter am liebsten in Mauernischen oder unter Dachziegeln. Besonders frühmorgens, aber auch spätabends, wenn die anderen Vögel schweigen, trägt das Männchen regelmäßig vom Dachfirst seinen etwas gepresst wirkenden Gesang vor. Hausrotschwänze ernähren sich hauptsächlich von Insekten. Als Kurzstreckenzieher überwintern sie am Mittelmeer und kehren im Frühling nach Mitteleuropa zurück. In milden Gebieten überwintern sie auch bei uns.

# APRIL

## Frühlingsblumen im Auwald, an Bach und Fluss

Sumpfdotterblume *(Caltha palustris)*
Schuppenwurz *(Lathraea squamaria)*
Wechselblättriges Milzkraut *(Chrysoplenium alternifolium)*
Gewöhnliche Pestwurz *(Petasites hybridus)*
Aronstab *(Arum maculatum)*
Bärlauch *(Allium ursinum)*
Wald-Gelbstern *(Gagea lutea)*

## Frühlingswiese

Wiesenschaumkraut *(Cardamine pratensis)*
Löwenzahn *(Taraxacum officinale)*
Scharfer Hahnenfuß *(Ranunculus acris)*
Gamanderehrenpreis *(Veronica chamaedris)*
Wiesenkerbel *(Anthriscus silvestris)*
Wiesenschlüsselblume *(Primula veris)*
Gundermann *(Glechoma hederacea)*
Kriechender Günsel *(Ajuga reptans)*
Wiesensalbei *(Salvia pratensis)*
Spitzwegerich *(Plantago lanceolata)*

## Was blüht jetzt sonst noch?

Sauerklee *(Oxalis acetosella)*
Scharbockskraut *(Ranunculus ficaria)*
Schattenblume *(Maianthemum bifolium)*
Gelbe Teichrose *(Nuphar lutea)*
Waldmeister *(Galium odoratum)*
Knoblauchsrauke *(Alliaria petiolata)*
Kleines Immergrün *(Vinca minor)*
Gewöhnliche Kuhschelle *(Pulsatilla vulgaris)*
Kuckuckslichtnelke *(Lychnis flos-cuculi)*

## Brutzeit der Nistkastenbewohner

Blaumeise *(Parus caeruleus)*
Haubenmeise *(Parus cristatus)*
Kohlmeise *(Parus major)*
Gartenbaumläufer *(Certhia brachydactyla)*
Feldsperling *(Passer montanus)*
Gartenrotschwanz *(Phoenicurus phoenicurus)*

## Brutzeit der Kurzstreckenzieher

Bachstelze *(Motacilla alba)*
Buchfink *(Fringilla coelebs)*
Hausrotschwanz *(Phoenicurus ochruros)*
Heckenbraunelle *(Prunella modularis)*
Star *(Sturnus vulgaris)*
Singdrossel *(Turdus philomelos)*
Rotkehlchen *(Erithacus rubecula)*
Zaunkönig *(Troglodytes troglodytes)*
Mönchsgrasmücke *(Sylvia atricapilla)*
Zilpzalp *(Phylloscopus collybita)*

## Welche anderen Vögel sind noch da?

Amsel *(Turdus merula)*
Türkentaube *(Streptopelia decaocto)*
Grünling *(Carduelis chloris)*
Feldlerche *(Alauda arvensis)*
Kiebitz *(Vanellus vanellus)*
Buntspecht *(Dendrocopos major)*
Kernbeißer *(Coccothraustes coccothraustes)*
Kuckuck *(Cuculus canorus)*
Weißstorch *(Ciconia ciconia)*

## Haarwechsel des Schalenwildes

Reh *(Capreolus capreolus)*
Rothirsch *(Cervus elaphus)*
Damhirsch *(Dama dama)*
Wildschwein *(Sus scrofa)*
Gämse *(Rupicapra rupicapra)*
Steinbock *(Capra ibex)*

### BEOBACHTUNGSTIPPS

- Gesang der Nachtigall
- Wie schnell ist der Frühling?
- Blütezeit der Rosskastanien
- Frühlingsbote Kuckuck
- Brutzeit der Nistkastenbewohner
- Hasenhochzeit
- Frühlingsblumen im Auwald und an Bach und Fluss
- Haarwechsel des Schalenwildes
- Brutzeit der Kurzstreckenzieher
- Farbwechsel auf der Frühlingswiese
- Der Igel erwacht aus dem Winterschlaf
- Brutpflege und -fürsorge

# Beobachtungstipps

## Gesang der Nachtigall

In der Nacht, aber auch schon in der Abenddämmerung, ist jetzt der berühmte, unverwechselbare Gesang der Nachtigallen zu hören. Der Gesang der so unscheinbar wirkenden Vögel ist aus vielen Strophen dicht gereihter Einzel- oder Doppeltöne zusammengesetzt. Dabei wechseln sich längere Strophen immer wieder mit kurzen, völlig anders klingenden ab. Sie starten meist mit leisen Tönen, um dann in laute, rhythmisch wiederholte Silben überzugehen, die meist wohltönend, aber durchaus auch mal knarrend oder ratternd klingen können. Besonders typisch für den Gesang der Nachtigall ist auch das legendäre »Schluchzen«, ein langgezogenes Flöten absteigender Töne, das auf die Ohren menschlicher Zuhörer wie ein wehmütiges Klagen wirkt.
Der Gesang der Nachtigallmännchen dient, wie bei anderen Vogelarten auch, zur Anlockung paarungswilliger Weibchen und wird nach erfolgreicher Paarbildung eingestellt.

Im April kehren die Nachtigallen aus ihrem Winterquartier zurück. Bekannt sind sie durch ihren Gesang.

Übrigens singen Nachtigallen trotz ihres deutschen Namens (»gal« bedeutet im Althochdeutschen »Gesang«) auch tagsüber. Bei den »Tagesgesängen« geht es jedoch wohl weniger darum, das Herz eines Weibchens zu erobern, sondern vielmehr darum, das eigene Revier gegen männliche Rivalen akustisch abzugrenzen.

## Wie schnell ist der Frühling?

Wie schnell ist der Frühling? Eine etwas ungewöhnliche Frage, auf die die Wissenschaftssendung »Planet Wissen« alljährlich mit einer ungewöhnlichen Methode eine Antwort sucht. Bereits seit 2006 fordert die ARD-Sendung im Rahmen ihrer bundesweiten Mitmach-Aktion »Apfelblütenland« ihre Zuschauer auf, dem Sender die ersten Apfelblüten in ihrem jeweiligen Heimatort zu melden – signalisiert die Apfelblüte doch den Beginn des phänologischen Vollfrühlings. Dieser beginnt nicht jedes Jahr zum gleichen Datum. Und die Äpfel blühen vor allem auch nicht in allen Regionen gleichzeitig.
Von besonderem Interesse für die Wissenschaft ist die Messung der Geschwindigkeit, mit der die Apfelblüte vom warmen Oberrheintal bis an die Nord- und Ostsee »wandert«. So sorgten im Jahr 2007 warme Wetterlagen von großer Beständigkeit für hohe Geschwindigkeitswerte von bis zu 80 km pro Tag, während sich im von Kälteeinbrüchen geprägten Frühjahr 2008 dieser Wert auf gerade einmal 48 km pro Tag reduzierte. Apfelbäume sind daher auch sehr geeignete »Messgeräte« für den Klimawandel. Und so steigt mit jedem weiteren Beobachtungsjahr die Chance, in den Verlaufsdaten der Apfelblüte Spuren des Klimawandels zu finden. Wird das Klima wärmer, sollte sich dies über die Jahre hinweg in einer immer früheren Blüte bzw. in tendenziell höheren Frühlingsgeschwindigkeiten bemerkbar machen.

Wenn die Apfelbäume blühen, ist der Vollfrühling ins Land gezogen – je nach Region zu einer anderen Zeit.

## Blütezeit der Rosskastanien

Jetzt stehen die Rosskastanien in voller Blüte. Die weißen Blüten bilden aufrecht stehende pyramidenförmige Rispen, die im Volksmund auch als »Kerzen« bezeichnet werden und rote Flecken haben. Die Blütezeit reicht von April bis in den Juni hinein. Junge Blüten haben übrigens einen gelben Fleck. Nur in dieser Phase wird Nektar produziert. Bei älteren Blüten dagegen ist dieser Fleck orange oder rot. Das zeigt den bestäubenden Insekten, dass hier kein Pollen oder Nektar mehr zu holen ist. Die Rosskastanie hat eine überaus aufregende Geschichte. Einst in ganz Europa verbreitet, wurde der prächtige Baum von der Eiszeit in die Mittelgebirge Griechenlands, zurückgedrängt. Erst im 16. Jahrhundert kehrte die Kastanie dann während der Feldzüge der Türken, die die Samen als Futter für ihre Pferde nutzten, nach Mitteleuropa zurück. Dort kam der wuchtige Baum mit den großen, schattenspendenden Blättern rasch in Mode und wurde bald überall in Deutschland als beliebter Park- und Alleebaum angepflanzt. Die Samen der Rosskastanie enthalten Substanzen, die entzündungshemmend, krampflösend und adstringierend wirken und deshalb erfolgreich z. B. bei Venenerkrankungen und Krampfadern eingesetzt werden.

## Frühlingsbote Kuckuck

Sein charakteristischer Ruf ist unverwechselbar, aber zu Gesicht bekommen haben den sagenumwobenen Vogel nur wenige Menschen. Ab Mitte April ruft der Kuckuck seinen Namen und markiert den Frühlingsbeginn. Er hat in Afrika überwintert und kommt nun in sein europäisches Brutgebiet, aus dem er im Juli/August schon wieder entschwindet. Das Aussehen des langschwänzigen Zugvogels ähnelt dem eines spitzflügeligen Sperbers, mit dem er oft verwechselt wird. Der zu den Insektenfressern gehörende Vogel hat sich an viele Landschaftstypen angepasst, bevorzugt jedoch lichte Laubwälder und Parks. Kuckucke sind Brutschmarotzer und legen ihre Eier in die Nester

Der Kuckuck baut kein eigenes Nest, sondern legt sein einziges Ei in fremde Nester. Er ist ein Brutschmarotzer.

anderer Vögel, die sie ausbrüten und die jungen Kuckucke auch aufziehen. Insgesamt wurden bei uns schon über 120 Arten von »Stiefeltern« festgestellt, darunter auch kleine wie Teichrohrsänger und Zaunkönig. Das Kuckucksweibchen legt seine Eier immer in Nester der Vogelart, von der es selbst aufgezogen wurde.

## Brutzeit der Nistkastenbewohner

Unsere Vögel lassen sich nach ihren Brutgewohnheiten in 2 Gruppen unterteilen: Die so genannten Freibrüter, die wie z. B. der Buchfink ihr Nest frei in der Vegetation (z. B. auf einer Astgabel) anlegen, und die Höhlenbrüter, die wiederum in Halbhöhlenbrüter (z. B. Bachstelze) und »echte« Höhlenbrüter unterschieden werden. Bei den echten Höhlenbrütern gab es schon immer eine große Konkurrenz um Astlöcher, ehemalige Spechtlöcher oder andere geeignete Bruthöhlen in alten Bäumen. In der heutigen Zeit hat die Zahl der alten Bäume jedoch so stark abgenommen, dass vielen Vogelpaaren keine andere Möglichkeit bleibt, als zum Überleben künstliche Nisthilfen zu beziehen. Die bekannteste Nisthilfe ist der sogenannte Meisenkasten. Neben den heimischen Meisenarten, die im April brüten, kann mit ihm auch zahlreichen anderen kleinen Vogelarten (Trauerschnäpper, Kleiber, Feldsperling u. a.) Bruthilfe gewährt werden.

## Hasenhochzeit

Die Fortpflanzungszeit der Feldhasen beginnt schon früh im Winter und endet erst im Oktober. Ihren Höhepunkt erreicht sie jedoch Ende März/Anfang April. In dieser Zeit ist ein wildes Hochzeitstreiben auf speziellen »Rammelplätzen« auf Feldern und Wiesen zu beobachten. Die männlichen Hasen liefern sich mit den Häsinnen stundenlange Verfolgungsjagden mit gegenseitigem Überspringen, mit Hakenschlagen und Luftsprüngen. Kommt der Rammler der Häsin zu nahe, wirft sich die Verfolgte herum und schlägt ihm mit den Vorderpfoten auf den Kopf. Der immer wieder

Heute bieten oft nur noch Meisenkästen Höhlenbrütern wie zum Beispiel der Blaumeise Unterschlupf und Brutmöglichkeit.

Im April erreicht die Hasenhochzeit ihren Höhepunkt. Jetzt kann man die liebestollen Feldhasen gut bei ihrem wilden Treiben beobachten.

den Körperkontakt suchende Rammler schlägt dann zurück. Für den Beobachter wirkt dieser »Brunstkampf« wie ein bizarrer Tanz. Das wilde Treiben dient dem Austausch körpereigener Duftstoffe, die Aggressionen abbauen und die Häsin allmählich gefügiger machen. Der Nachwuchs stellt sich dann 42 Tage nach der Begattung ein.

## Frühlingsblumen im Auwald und an Bach und Fluss

Eng mit dem Wasser verbunden sind die Auwälder entlang der Bäche und Flüsse (Au bedeutet im Mittelhochdeutschen Wasser). Sie sind geprägt vom Wechsel zwischen Überflutung und Trockenzeit und stellen einzigartige Lebensgemeinschaften dar, in denen auch seltene Tier- und Pflanzenarten zu Hause sind. Die häufigen Überschwemmungen führen viele Nährstoffe herbei. Deshalb entwickelt sich hier eine sehr reiche und dichte Bodenvegetation. Das frühe Frühjahr, bevor das Laub austreibt, ist die bunteste Zeit im Auwald, denn die Krautschicht bekommt noch genügend Sonnenlicht und es können sich viele Bodenpflanzen entwickeln. Ob gelbe Sumpfdotterblume, violette Schuppenwurz oder weißes Buschwindröschen – viele Farben sind im Auwald zu sehen. Eine Charakterpflanze des Auwalds ist der Bärlauch, der Ende April riesige weiße Blütenteppiche bildet und den ganzen Wald mit einem starken Knoblauchgeruch durchzieht.

Das zu den Kurzstreckenziehern gehörende Rotkehlchen brütet in unseren Breiten etwa 2–3-mal pro Jahr.

## Brutzeit der Kurzstreckenzieher

Die Langstreckenzieher unter den Zugvögeln überwintern meist südlich der Sahara; in der Regel handelt es sich dabei um Insektenfresser, die bei Nacht fliegen. Die Kurzstreckenzieher, die überwiegend Körnerfresser sind, in Schwärmen und bei Tage fliegen, überwintern in Südeuropa oder höchstens in Nordafrika. Sie treffen daher meist rund 1 Monat vor den Langstreckenziehern wieder in unseren Gefilden ein. Jetzt beginnt ihre Brutzeit. Zuerst kann man Bachstelze, Buchfink, Hausrotschwanz, Heckenbraunelle, Star, Singdrossel, Rotkehlchen und Zaunkönig beim Brüten beobachten. Etwas später, wenn das Futterangebot größer wird, brüten die Mönchsgrasmücke und der Zilpzalp. Der Frühjahrszug verläuft bei allen Vogelarten schneller als der Herbstzug.

## Haarwechsel des Schalenwilds

Von Mitte April bis Mitte Mai findet der Haarwechsel beim Schalenwild (Hirsch, Reh usw.) statt. Im Gegensatz zum Anlegen des Winterfells ist dieser Wechsel besonders beim Reh ziemlich auffällig, denn das Winterhaar fällt büschelweise aus, wodurch die Tiere recht »mitgenommen« aussehen.

Gegen Ende April ist der Löwenzahn die beherrschende Pflanze unserer Wiesen …

Außerdem vollzieht sich der Haarwechsel viel langsamer als im Herbst. Das Sommerhaar zeigt beim Rehwild im Gegensatz zum graubraunen Winterhaar eine rostrote Färbung. Die Färbung der Böcke scheint im Sommer viel intensiver als bei den weiblichen Tieren zu sein. Sie soll zum einen als Sonnenschutz und zum anderen als Tarnschutz vor Fressfeinden dienen. Das Sommerhaar des Rotwildes ist im Vergleich zum langen graubraunen Winterhaar relativ kurz und rotbraun (daher der Name Rotwild!). Die charakteristische und stark ausgeprägte Brunftmähne beim ausgewachsenen männlichen Hirsch ist nur im Winter vorhanden. Die dunkelgraue bis schwarze Winterschwarte der Wildschweine wird durch eine silbergraue Sommerschwarte ersetzt. Auffällig ist, dass die Frischlinge führenden Bachen ihre Winterschwarte deutlich länger tragen als die anderen Mitglieder der Wildschweinrotte.

## Farbwechsel auf der Frühlingswiese

Der April ist der Monat, in dem man auf den heimischen Wiesen regelrechte schubartige Farbveränderungen beobachten kann. Während Ende März noch das Bräunlicholiv der in Herbst und Winter abgestorbenen Blätter der Kräuter und Gräser dominiert, kommt Anfang April mit dem zarten Gelb der Schlüsselblumen bzw. an feuchteren Standorten mit dem knalligen Gelb der Sumpfdotterblumen erstmals Farbe ins Spiel. In der 2. Aprilhälfte beginnt die Wiese dann parallel zum Schwinden der Schlüsselblumen sich auch kräftig grün zu färben. Gegen Ende des Monats bestimmt dann das kräftige Gelb des Löwenzahns das Bild, um oft schon nach wenigen Tagen vom Weiß oder Zartrosa des Wiesenschaumkrauts überdeckt zu werden. Mitte Mai löst dann der Scharfe Hahnenfuß als »2. gelbe Welle« flächendeckend den Löwenzahn auf unseren Wiesen ab.

... um bereits Anfang Mai von der weißen oder zartrosa Blütenpracht des Wiesenschaumkrauts abgelöst zu werden.

## Der Igel erwacht aus dem Winterschlaf

Im April kann man die ersten Igel des Jahres beobachten, die jetzt ihren Winterschlaf zur Überbrückung der nahrungsarmen Monate beendet haben. Für seinen Winterschlaf legt sich der Igel in den Sommermonaten eine dicke Fettschicht an, durch die er sein Körpergewicht verdoppelt. Das Fettpolster dient ihm als Energiespeicher. Zum Überwintern nutzt er ungestörte, windgeschützte Plätze. Als Wärmeschutz werden die Winternester mit wärmedämmenden Materialien ausgepolstert. Dank der auf ein Minimum herabgesetzten Körperfunktionen können Igel mit ihrem Fettpolster bis zu einem halben Jahr ohne Futter auskommen. Im Winterschlaf ist ihre Herztätigkeit von ca. 180 Schlägen auf etwa 8 Schläge pro Minute verringert; sie atmen auch nur lediglich 3–4-mal anstatt 40–50-mal pro Minute. Die Körpertemperatur sinkt von etwa 36 °C auf nur noch 5 °C ab.

## Brutpflege und -fürsorge

Im April/Mai sind die meisten heimischen Vögel mit ihrer Brut beschäftigt. Durch Brutpflege und Brutfürsorge wollen die Vögel, wie viele andere Tiere auch, die Überlebenschancen für ihren Nachwuchs erhöhen. Zur Brutpflege gehören der Schutz des Geleges und der Jungen, die Bebrütung der Eier, das »Hudern« (Warmhalten und Regenschutz von Gelege und Jungen), die Fütterung der Jungen, aber auch die Übermittlung von lebenswichtigen Informationen. Umfang und Intensität der Brutpflege sind von Art zu Art oft ganz unterschiedlich ausgeprägt. So tarnen einige Vogelarten zum Schutz vor Nesträubern ihr Nest mit Nistmaterial. Manche Enten bespritzen es aus dem gleichen Grund sogar mit Kot. Meist sind beide Geschlechter an der Brut beteiligt. Bei Enten- und Hühnervögeln, Eulen und Greifvögeln brütet jedoch nur das Weibchen.

# Frühling

# MAI

Im Wonnemonat Mai duften die **Maiglöckchen** und brummen die **Maikäfer**. Das Laubdach im Maiwald schließt sich allmählich. Die **Rosskastanie** ist mit Blütenkerzen bedeckt und erfüllt vom Summen und Brummen der **Bienen** und **Hummeln**. Auch in den blühenden Hecken tobt das pralle Vogel- und Insektenleben. Der **Schwalbenschwanz** tanzt nur auf den Hügeln, andere Arten sind auf Lichtungen und an Wegrändern zu beobachten. Der **Mauersegler** ist wieder da und fliegt rasant und elegant durch die Schluchten der Großstadt. Auch die **Spätlaicher** unter den **Amphibien** haben jetzt ihre Brutgewässer erreicht. Bei den Langstreckenziehern unter den Vögeln hat die Brutzeit begonnen.

# Charakterarten

## Eingriffeliger Weißdorn

*(Crataegus monogyna)*

Die weißen, stark duftenden Blüten dieses dornigen, hochwüchsigen Strauchs mit den charakteristischen Blättern sind in aufrechten Doldenrispen angeordnet (Blühzeit: Mai bis Juni). Die dunkelroten Früchte reifen im August und schmecken mehlig (»Mehlbaum«). Die Samen werden durch Vögel verbreitet. Weißdorn ist bei uns sehr häufig anzutreffen. Man findet ihn nicht nur in lichten Laubwäldern und an Waldrändern, sondern auch an Straßen- und Wegrändern. Der Strauch ist eine beliebte Heckenpflanze. Weißdorn ist ein hervorragendes Heilmittel bei Herz-Kreislauf-Erkrankungen. Sehr ähnlich ist der Zweigriffelige Weißdorn, der jedoch 2 Griffel pro Blüte aufweist.

## Waldmeister

*(Galium odoratum)*

Die weißen Blüten dieser bekannten Pflanze bilden lang gestielte Trugdolden. Waldmeister blüht von Ende April bis Anfang Juni (»Maikraut«). Zu finden ist er in schattigen und feuchten Buchen- und Nadelwäldern. Er breitet sich durch unterirdisch kriechende Ausläufer aus und bildet oft Massenbestände. Die Pflanze hat einen sehr intensiven, süßlichen Duft, der durch Cumarin verursacht wird und vor allem beim Zerreiben der Blätter auftritt. Aufgrund dieses Geschmacksstoffes wird Waldmeister in der Süßwaren- und Likörindustrie als Aromastoff eingesetzt. Daneben gilt er als klassischer Zusatz der Maibowle.

## Maiglöckchen

*(Convallaria majalis)*

Das Maiglöckchen trägt von April bis Juni seine weißen, glockenförmigen Blüten in einer lang gestielten Traube. Die Blüten verströmen einen intensiven, charakteristischen Duft. Von Juli bis September erscheinen als Früchte rote Beeren mit 2 blauen Samen. Das Maiglöckchen ist in Deutschland weit verbreitet. Es bevorzugt lichte Laubwälder, aber auch Kiefernwälder mit kalkreichem Boden. Die ganze Pflanze ist sehr giftig. Immer wieder werden starke Vergiftungen bei einem »Einsatz als Hausmittel« bekannt. Das Maiglöckchen wird auch als Zierpflanze im Garten gepflanzt.

## Maikäfer

*(Melolontha melolontha)*

Dem schokoladenbraunen Käfer, der als Frühlingsbote gilt, sind zahlreiche Geschichten, Gedichte und Lieder gewidmet. Männchen besitzen große, Weibchen kleine Fühlerkeulen. Erwachsene Käfer ernähren sich von den Blättern und Trieben von Laubbäumen. In den Abendstunden sind oft große Flugschwärme zu beobachten. Die Larven, die sogenannten Engerlinge, leben im Boden und benötigen für ihre Entwicklung 3–4 Jahre. Bei einer Massenvermehrung können sie durch Wurzelfraß großen Schaden in Landwirtschaft und Forst anrichten. Im Mittelalter waren die Schäden in manchen Landstrichen so groß, dass Maikäfer für vogelfrei erklärt wurden. Heute ist die Art durch effektive Bekämpfungsmaßnahmen in vielen Gegenden selten geworden.

## Mehlschwalbe

*(Delichon urbica)*

Die Mehlschwalbe unterscheidet sich durch ihren mehlweißen Bauch und den kennzeichnenden

weißen Bürzel von der deutlich größeren Rauchschwalbe. Die ursprüngliche Felsenbewohnerin ist heute im menschlichen Siedlungsraum zu Hause. Ihre kugeligen Lehmnester kleben sie mit ihrem Speichel an die Außenwände von Häusern unter Dachrinnen und Hausvorsprünge. Oft werden Kolonien aus 20–30 Nestern gebildet; Brutzeit ist ab Mai, meist gibt es 2 Jahresbruten. Mehlschwalben sind in ihrer Ernährung fast vollständig auf Fluginsekten angewiesen. Die Art überwintert südlich der Sahara. Der Bestand ist rückläufig, da es in unseren asphaltierten Landschaften nicht mehr genügend Lehmpfützen zum Nestbau gibt.

## Wasserfrosch

*(Rana esculenta)*

Der Wasserfrosch ist höchstwahrscheinlich gar keine eigene Art, sondern eine Kreuzung zwischen See- und Teichfrosch. Dies bedingt auch ein äußerst variables Erscheinungsbild: Die Färbung variiert von allen Grüntönen bis zu dunklen Brauntönen, mit und ohne Zeichnung. Die überwiegend tagaktiven Tiere leben im Uferbereich von Seen, Teichen und Tümpeln und sind bei uns weit verbreitet. Die Art gehört zu den Spätlaichern, d. h. das Weibchen legt seine Eier zwischen April und Juni ab. Für ihre Entwicklung zum Frosch benötigen die Kaulquappen 2–3 Monate. Der wissenschaftliche Name des Wasserfroschs heißt übersetzt »der essbare Frosch«.

# MAI

## Blumen im Laubwald

Maiglöckchen *(Convallaria majalis)*
Frühlingsplatterbse *(Lathyrus vernus)*
Einbeere *(Paris quadrifolia)*
Schattenblume *(Maianthemum bifolium)*
Waldsauerklee *(Oxalis acetosella)*
Pfaffenhütchen *(Euonymus europaeus)*
Gamanderehrenpreis *(Veronica chamaedrys)*
Kriechender Günsel *(Ajuga reptans)*
Vielblütige Weißwurz *(Polygonatum multiflorum)*

## Was blüht jetzt sonst noch?

Gemeine Schafgarbe *(Achillea millefolium)*
Großes Schöllkraut *(Chelidonium majus)*
Sumpf-Schwerttlilie *(Iris pseudacorus)*
Kleine Wasserlinse *(Lemna minor)*
Zaunwicke *(Vicia sepium)*
Gewöhnliche Akelei *(Aquilegia vulgaris)*
Gewöhnlicher Beinwell *(Symphytum officinale)*
Wiesenglockenblume *(Campanula patula)*
Margerite *(Chrysanthemum leucanthemum)*
Wiesensalbei *(Salvia pratensis)*

## Amphibien-Spätlaicher

Gelbbauchunke *(Bombina variegata)*
Rotbauchunke *(Bombina bombina)*
Kreuzkröte *(Bufo calamita)*
Wechselkröte *(Bufo viridis)*
Laubfrosch *(Hyla arborea)*
Wasserfrosch *(Rana esculenta)*
Seefrosch *(Rana ridibunda)*
Teichfrosch *(Rana lessonae)*

## Tiere im Lebensraum Hecke

Neuntöter *(Lanius collurio)*
Goldammer *(Emberiza citrinella)*
Rotkehlchen *(Erithacus rubecula)*
Amsel *(Turdus merula)*
Blutzikade *(Cercopis sanguinea)*
Pinselkäfer *(Trichius fasciatus)*
Rosenkäfer *(Cetonia aurata)*
Segelfalter *(Iphiclides podalirius)*
Skorpionsfliege *(Panorpa communis)*

## Brutzeit Langstreckenzieher

Rauchschwalbe *(Hirundo rustica)*
Mehlschwalbe *(Delichon urbica)*
Wendehals *(Jynx torquilla)*

Fitis *(Phylloscopus trochilus)*
Grauschnäpper *(Muscicapa striata)*
Gartenrotschwanz *(Phoenicurus phoenicurus)*
Gelbspötter *(Hippolais icterina)*
Gartengrasmücke *(Sylvia borin)*
Kuckuck *(Cuculus canorus)*
Turteltaube *(Streptopelia turtur)*

## Nesthocker

Amsel *(Turdus merula)*
Rotkehlchen *(Erithacus rubecula)*
Blaumeise *(Parus caeruleus)*
Waldkauz *(Strix aluco)*
Graureiher *(Ardea cinerea)*
Buntspecht *(Picoides major)*
Turmfalke *(Falco tinnunculus)*
Mäusebussard *(Buteo buteo)*
Lerche *(Alauda arvensis)*

## Nestflüchter

Stockente *(Anas platyrhynchos)*
Höckerschwan *(Cygnus olor)*
Graugans *(Anser anser)*
Blässhuhn *(Fulica atra)*
Fasan *(Phasianus colchicus)*
Rebhuhn *(Perdix perdix)*
Lachmöwe *(Larus ridibundus)*
Haubentaucher *(Podiceps cristatus)*

## Welche anderen Vögel sind noch da?

Türkentaube *(Streptopelia decaocto)*
Grünling *(Carduelis chloris)*
Feldlerche *(Alauda arvensis)*
Kiebitz *(Vanellus vanellus)*
Kernbeißer *(Coccothraustes coccothraustes)*
Weißstorch *(Ciconia ciconia)*
Goldammer *(Emberiza citrinella)*
Heckenbraunelle *(Prunella modularis)*

### BEOBACHTUNGSTIPPS

- Störche stehen auf einem Bein
- Feenlämpchen
- Rückkehr der Mauersegler
- Schwärmende Bienen
- Spätlaicher
- Tiere im Bach
- Lebensraum Hecke
- Brutzeit der Langstreckenzieher
- Blumen im Laubwald
- Nesthocker und Nestflüchter
- Balz des Schwalbenschwanzes
- Süßgräser

# Beobachtungstipps

## Balz des Schwalbenschwanzes

Der Mai ist der beste Monat, um den Schwalbenschwanz zu beobachten. Dieser Schmetterling ist einer der größten, auffälligsten und zugleich auch schönsten einheimischen Schmetterlinge. Der als Puppe überwinternde, gelb-schwarze Falter mit den namengebenden schwanzartigen Flügelzipfeln schlüpft jetzt. Die nur einige Wochen lebenden Schmetterlinge sammeln sich in größerer Zahl zu Balzzwecken, besonders gern an der Spitze grasiger Hügel. Man nennt dieses Verhalten »hill-topping«. Dabei verfolgen die Geschlechtspartner sich gegenseitig, setzen sich dazwischen aber immer wieder auf den Boden oder auf Pflanzen.
Ab Mitte Juli und im August fliegt die zweite Generation. In sehr warmen und sehr langen Sommern können sogar 3 Generationen entstehen. Die unbehaarte, grün, schwarz und rot gezeichnete Raupe des Schwalbenschwanzes frisst an Doldenblütlern. Sie kann bei Gefahr eine nach Buttersäure duftende Nackengabel ausstülpen und so Fressfeinde abschrecken.

Der Schwalbenschwanz ist einer unserer schönsten Schmetterlinge. Manchmal kommen die Falter zur Eiablage an Möhrenkraut in unsere Gärten.

## Störche stehen auf einem Bein

Wenn man Störche beobachtet, dann stellt man schnell fest, dass sie in Ruhephasen oft längere Zeit auf einem Bein stehen. Lediglich ab und an wechseln sie das Standbein. Die Störche absolvieren diese scheinbar akrobatische Übung jedoch nicht etwa aus Spaß an der Freude, sondern um Energie zu sparen. Damit nämlich nicht all zuviel Wärme über die ungefiederten Beine verloren geht, verstecken die Störche einfach ein Bein im gut isolierten Gefieder und halten den Wärmeverlust so gering wie möglich und die Beine warm. Das »Einbeinstehen« ist für die Störche im Gegensatz zu uns Menschen jedoch keineswegs unbequem oder kräftezehrend. Dafür sorgt ein Spezialgelenk im Bein der Vögel. Wird das Storchenbein nämlich gestreckt, schnappt dieses Gelenk ähnlich ein, wie wir das von einem Taschenmesser kennen. Und schon kann der Storch nicht mehr einknicken, sondern steht absolut sicher. Muskelkraft muss der Storch also für diese »Haltearbeit« nicht aufwenden.
Störche sind übrigens nicht die einzigen Vögel, die ihr Nickerchen gerne auf einem Bein abhalten. Auch andere langbeinige Vogelarten, wie etwa Reiher oder Flamingos – wie wir leicht im Zoo feststellen können – sparen so wertvolle Energie.

## Feenlämpchen

Jeder mit Blick fürs Detail hat jetzt die Chance, beim Waldspaziergang ein Exemplar der berühmten »Feenlämpchen« zu entdecken. Bei den sogenannten Feenlämpchen handelt es sich um die winzigen, schneeweißen Eikokons von Spinnen der Gattung *Agrocea* aus der Familie der Listspinnen, die diese bevorzugt an Gräsern oder anderen niedrigen Pflanzen befestigen. Der Kokon, der vom Spinnenweibchen unmittelbar nach der Paarung angefertigt wird, besteht aus einem dünnen Stiel,

der mit Hilfe mehrerer Spinnfäden an einer Pflanze angebracht wird und sich nach unten hin ähnlich wie eine Lampe (Name!) oder Laterne erweitert. Der Kokon selbst ist in zwei Kammern unterteilt: Die Eikammer, in die das Weibchen ihre rund 50 weiß-gelben Eier ablegt und die etwas größere Häutungskammer, die den Jungspinnen nach dem Schlüpfen noch eine Zeitlang als schützender Aufenthaltsraum dient.
Allerdings trifft man die Feenlämpchen nur über einen sehr kurzen Zeitraum in der charakteristisch leuchtend weißen »Lampenform« an. Die Spinnen tarnen den Kokon nämlich in der Regel zum Schutz vor Fressfeinden solange mit Erdpartikeln oder Holzstückchen, die sie vom Boden sammeln und mit Hilfe von Speichel an der Kokonhülle anheften, bis von der eigentlichen Kokonform und -farbe nichts mehr zu erkennen ist.

## Rückkehr der Mauersegler

Jetzt kehrt der Mauersegler zurück, der im tropischen Afrika überwintert hat. Im Unterschied zu den heimischen Schwalbenarten, mit denen er manchmal verwechselt wird, ist er größer und einheitlich braunschwarz. Der rasante Flieger bleibt allerdings nur bis Juli/August bei uns. Man findet ihn meist in Dörfern und Städten, wo er vor allem in den Abendstunden unter schrillem Geschrei, oft auch in Rudeln, in der Luft Insekten jagt. Ganz auf ein Leben im Flug eingestellt, ist er oft mehrere Monate fast ununterbrochen in der Luft. Ganz offensichtlich sind Mauersegler in der Lage, im Flug sogar zu schlafen. Die aus diversem, mit Speichel verklebtem Nistmaterial bestehenden Nester der Mauersegler sind auf Türmen und unter Dächern zu finden. Männchen und Weibchen brüten abwechselnd. Die Nestlingszeit beträgt 5–8 Wochen.

## Schwärmende Bienen

Von Ende Mai bis in den Juni hinein kann man schwärmende Bienen beobachten. Sie schwärmen aus mehreren Gründen: Zum einen, weil ein Volk zu groß geworden ist und damit nicht mehr ausreichend Platz im Bienenstock vorhanden ist. Und zum anderen, weil im Stock eine neue Königin die Herrschaft an sich gerissen hat und die alte

Anfang Mai kehren die Mauersegler an ihre Brutplätze zurück und man kann wieder ihre rasanten Flugkünste bewundern.

Ein besonders beeindruckendes Naturschauspiel ist der Bienenschwarm, der sich in einer Schwarmtraube an einem Baumzweig sammelt.

Königin gezwungen ist, mit einem Teil des Volkes auszuziehen. Weitere Gründe können schlechte Umweltbedingungen oder ein unzureichendes Futterangebot sein.

Bevor die Bienen zum Schwärmen starten, saugen sie sich mit einem Vorrat an Honig für mehrere Tage voll. Deshalb wirken Schwarmbienen immer etwas behäbig und träge. Die Königin und einige tausend bis mehrere zehntausend Arbeiterinnen sowie einige Drohnen fliegen dann zu einem in der Nähe gelegenen Ast. Dort sammelt sich der Schwarm, in einer großen Traube um die Königin hängend, ehe er zu einem neuen Stock fliegt, den Bienen-Kundschafterinnen zuvor entdeckt haben. Die Bienenschwarm-Traube bietet den Imkern eine gute Gelegenheit, ein ganzes Bienenvolk auf einen Schlag einzufangen.

## Spätlaicher

Im Gegensatz zu den Frühlaichern (s. S. 13) werden die Spätlaicher unter den Amphibien erst bei 12 °C Boden- bzw. Wassertemperatur aktiv. Diese Temperaturen werden meist erst Ende April/ Anfang Mai erreicht. Sowohl die Grünfrösche als auch Kreuz- und Wechselkröte sowie die beiden heimischen Unkenarten gehören zu den Spätlaichern. Während die Frühlaicher besonders in ihren Landlebensräumen dämmerungs- bzw. nachtaktiv sind, lassen sich die Spätlaicher auch tagsüber verstärkt beobachten, da sie als Wasserbewohner nicht der Gefahr der Austrocknung unterliegen. Nach der Eiablage in den Laichgewässern wandern die Spätlaicher dann direkt in ihre Sommerquartiere oder bleiben wie die Grünfrösche in der Nähe ihrer Laichgewässer.

## Tiere im Bach

Im Mai ist der Artenreichtum in unseren Bächen am größten. Tiere, die im Bach leben, sind oft nicht ganz einfach zu entdecken, denn sie müssen sich in der Strömung festhalten oder sie zumindest teilweise vermeiden können. Dazu haben sie ganz unterschiedliche Strategien entwickelt: klebrige Schleimsohlen (Strudelwürmer), Haken (Hakenkäfer und ihre Larven), Schwermachen des Körpers durch Einbau größerer Steinchen in den Köcher

Gerne bewohnt die zu den Spätlaichern gehörende Gelbbauchunke vom Menschen geschaffene Pionierstandorte wie z. B. Kiesgruben

Die Larven der Köcherfliegen sind durch ihren charakteristischen Köcher viel besser bekannt als die erwachsenen Tiere.

Die leuchtend gelb gefärbte Goldammer bevorzugt als typischer Bewohner von Saumbiotopen Kulturlandschaften mit Hecken und Sträuchern.

Das aus Gras und Moos bestehende Nest des Fitis liegt meist gut versteckt unter dichtem Gebüsch am Boden.

(einige Köcherfliegenlarven), Abplattung des Körpers (Strudelwürmer und einige Eintagsfliegenlarven), Befestigung am Substrat (einige Köcherfliegenlarven). Eine weitere Strategie besteht darin, die Strömung durch Aufenthalt unter Steinen, im Algenbewuchs auf der Leeseite, in Spalten des Gewässerbodens und im so genannten Totwasserbereich (hier ist die Strömung stark reduziert) zu vermeiden. Anhand der Artenzusammensetzung kann man auch Rückschlüsse auf die Güte eines Fließgewässers machen. So weisen z. B. Planarien (Strudelwürmer) und Steinfliegenlarven auf ein unbelastetes, Zuckmückenlarven und Wasserasseln auf ein verschmutztes Gewässer hin.

### Lebensraum Hecke

Hecken sind in ihrer Artenzusammensetzung, Größe und Form sehr unterschiedlich und bieten eine Vielfalt verschiedenster Lebensbedingungen auf engstem Raum. Es ist daher nicht verwunderlich, dass bis zu 1500 Tierarten in einer Hecke Lebensraum und Nahrung finden können. Allein rund 70 Vogelarten wurden im Bereich von Hecken registriert. Sie sind auch besonders reich an Insekten. Die Blüten locken Schmetterlinge, Hummeln und Bienen an. Räuberische Insekten und Spinnen, aber auch Fledermäuse finden hier ein reichliches Angebot an Beutetieren. Amphibien suchen in der Hecke Schutz vor Sonne und winterlicher Kälte. Einige Reptilien wie z. B. die Blindschleiche haben besonders in den auf Feldsteinwällen wachsenden Hecken ideale Lebensbedingungen, da die Steine Wärme speichern und in den Mauerzwischenräumen genügend Beutetiere vorhanden sind. Auch der Igel und die Rötelmaus bauen hier gerne ihr Nest. Andere Kleinsäuger, wie z. B. der Baummarder, besuchen die Hecke nur auf der Futtersuche.

### Brutzeit der Langstreckenzieher

Die Langstreckenzieher unter den Zugvögeln überwintern meist südlich der Sahara und kehren erst im Spätfrühling zurück, um bei uns zu brüten. Die Brutzeit der Langstreckenzieher beginnt bei Rauch- und Mehlschwalben schon Mitte April bis Anfang Mai. Etwas später brüten Wendehals, Fitis, Grauschnäpper und Gartenrotschwanz. Erst Ende

Mai/Anfang Juni nisten Gelbspötter und Gartengrasmücke. Die globale Klimaerwärmung macht es den Langstreckenziehern schwer: Da sich jetzt viele Insekten früher als sonst entwickeln, mangelt es den Spätheimkehrern immer öfter an ausreichend Nahrung. Dazu haben dann oftmals die wachsende Zahl an Überwinterern und einige Arten, die wegen der Klimaerwärmung jetzt früher in ihre Brutgebiete heimkehren, bereits die besten Reviere besetzt.

## Blumen im Laubwald

Im Laubwald ist die Zeit der Frühblüher jetzt vorbei. Das Blätterdach des Waldes schließt sich in rasantem Tempo – dadurch erreicht immer weniger Licht den Waldboden. Die Pflanzen, die jetzt die Krautschicht des Waldes bilden, müssen mit der deutlich geringeren Lichtintensität fertig werden. Dazu sind bestimmte Anpassungen notwendig:

Der in nährstoffreichen Nadel- und Mischwäldern blühende Waldsauerklee erträgt tieferen Schatten als jede andere Waldpflanze.

Schattenpflanzen wenden nur wenig Energie auf, um die zur Fotosynthese notwendigen Gewebe, Organellen und Stoffe zu bilden. Sie besitzen meist dünnwandige, zarte, großflächige Blätter. Da sie im Schatten wachsen, werden sie nicht so stark aufgeheizt und verbrauchen so insgesamt nur wenig Energie im Rahmen der Zellatmung. Ihr Energiebedarf ist demnach geringer als bei Sonnenpflanzen. Sie erreichen darum bei geringeren Beleuchtungsstärken ihren sogenannten Kompensationspunkt (an diesem Punkt halten sich Assimilation und Atmung die Waage) und haben bis zu einer gewissen Beleuchtungsstärke über diesen Wert hinaus einen Konkurrenzvorteil gegenüber den »energiehungrigeren« Sonnenpflanzen, die erst bei hoher Lichtstärke ihr Optimum erreichen.

## Nesthocker und Nestflüchter

Bei den Jungvögeln, die jetzt im Frühjahr überall schlüpfen und heranwachsen, unterscheidet man zwischen Nesthockern und Nestflüchtern. Nesthocker schlüpfen blind und nackt oder nur mit einem dünnen Daunengefieder bekleidet. Sie müssen noch von den Alttieren gefüttert werden. Um überleben zu können, sind sie auf Wärmezufuhr von außen angewiesen. Aufgrund dieser Hilflosigkeit verlassen sie das Nest erst bei Erreichen der vollständigen Flugfähigkeit. Zu den Nesthockern gehören alle Singvögel, Rabenvögel, Spechte, Tauben sowie Greifvögel und Eulen.
Die Nestflüchter unter den Jungvögeln dagegen schlüpfen mit offenen Augen und besitzen bereits ein ausgeprägtes Daunengefieder. Nur in den ersten Tagen müssen sie noch von den Altvögeln gewärmt werden. Sie können bald nach dem Schlüpfen laufen bzw. schwimmen oder tauchen und nehmen auch bereits selbstständig Nahrung auf. Nach 1–2 Tagen verlassen sie unter Führung der Eltern das Nest, in das sie nicht mehr zurückkeh-

Die Jungen der Stockente sind typische Nestflüchter; das heißt, gleich nach dem Schlüpfen können sie das Nest verlassen und folgen der Mutter aufs Wasser.

ren. Vertreter der Nestflüchter sind beispielsweise Schwäne, Enten, Taucher sowie viele bodenlebende Vogelarten.

## Süßgräser

Ende Mai beginnt die »Heuzeit«. Viele Menschen reagieren jetzt verstärkt mit Allergien – sie bekommen Heuschnupfen. Dieses Phänomen wird jedoch nicht, wie der Name vermuten lässt, durch die Heuernte, sondern durch die jetzt vom Wind verbreiteten riesigen Mengen an Blütenstaub der blühenden Gräser verursacht. Mit über 200 Arten sind die oft schwer zu unterscheidenden, sehr unscheinbar wirkenden Süßgräser immerhin die zweitgrößte Familie unter den heimischen Blütenpflanzen. Es handelt sich in der Regel um Stauden oder krautige Pflanzen mit durch Knoten gegliederten Stängeln. Die Blätter bestehen aus einer Blattscheide, die den Stängel umfasst, und einer langen schmalen Spreite. Die Blütenstände sind entweder Ähren, Rispen oder Ährenrispen. Die meisten Gräser sind ausdauernde Pflanzen, die dicht am Boden überwintern und oft sogar unter der Schneedecke assimilieren können. Übrigens: Alle unsere heimischen Getreidearten und zahlreiche andere Nutzpflanzen gehören zu den Gräsern.

Das Wiesenknäuelgras gehört zu den mehrährigen Süßgräsern und wächst in relativ dichten und kräftigen Horsten.

# Sommer

# JUNI

Im Juni hat der Frühsommer endgültig begonnen. Die Wiesen sind jetzt ein gelbes oder weißes Meer aus **Hahnenfuß** oder **Doldengewächsen**. Anfang des Monats blühen die Gräser – es ist Heuzeit. In den Wäldern sind die Laubdächer vollständig geschlossen und lassen kaum noch Sonnenlicht durch. Es ist die Hochsaison von **Libellen**, **Schmetterlingen** und **Bienen**. An geschützten Plätzen sonnen sich die Reptilien. Das **Rotwild** hat Nachwuchs bekommen. In den Abendstunden werden die **Schwalben**, die sich jetzt auf der Jagd befinden, von den später jagenden **Fledermäusen** abgelöst. Im Juni entscheidet sich nach einer alten Bauernregel, wie der Sommer wird: Regnet es an Siebenschläfer, werden auch die nächsten 7 Wochen feucht.

# Charakterarten

## Spitzwegerich

*(Plantago lanceolata)*

Schon im Frühjahr erkennt man den Spitzwegerich an seinen langen schmalen Blättern, die wie Lanzen aus dem Boden schießen und eine grundständige Rosette bilden. Die unscheinbaren, von Mai bis September blühenden Blüten der bis 50 cm hohen Pflanze bilden eine Ähre. Der Spitzwegerich ist eine sehr häufige Pflanze und wächst eigentlich überall: auf Wiesen und Äckern, an Weg- und Waldesrändern und auch auf Schuttplätzen. Die alte Heilpflanze gilt als bewährtes Hustenmittel, den Blättern wird blutungsstillende und keimtötende Wirkung nachgesagt.

## Johanniskraut

*(Hypericum perforatum)*

Der Name dieser Pflanze weist darauf hin, dass sie um Johanni (24.6.) herum blüht. Johanniskraut wächst an sonnigen, trockenen Stellen und ist häufig an Weg- und Waldrändern und an Böschungen zu finden. Die mehrjährige Pflanze mit dem bis 1 m hohen Stängel besitzt durchscheinend drüsig punktierte Blätter. Die Blüten sind goldgelb, mit auffallend langen Staubblättern. Beim Zerreiben der Blüten wird ein rotes Öl abgesondert. Johanniskraut wirkt blutdrucksenkend, entzündungshemmend und verdauungsfördernd und wird daher seit alters her bei Verdauungsproblemen, zur Wundheilung und als Beruhigungsmittel verwendet.

## Große Brennnessel

*(Urtica dioica)*

Die Große Brennnessel kann über 2 m hoch werden und ist zweihäusig, d.h. eine Pflanze besitzt nur weibliche oder nur männliche Blüten. Beide Geschlechter bilden eher unscheinbare Blütenrispen (Blühzeit: Juni bis Oktober). Die Art findet man nahezu überall, bevorzugt jedoch in Auwäldern und anderen Standorten mit feuchtem Boden. Schon Kinder lernen früh, eine Berührung mit der Brennnessel zu meiden: Dabei brechen die an den Blättern sitzenden Brennhaare ab, Ameisensäure und Histamin werden freigesetzt und bewirken das typische Brennen und die charakteristischen Nesselquaddeln auf der Haut.

## Plattbauch

*(Libellula depressa)*

Die Großlibellenart ist durch die flache und breite Form ihres Hinterleibs leicht zu erkennen. Während die älteren Männchen blau gefärbt sind, haben Weibchen und junge Männchen eine olivbraune Färbung. Der Plattbauch gehört zu den besten Fliegern unter den Libellen und ist im Sommer an Teichen, Tümpeln und Mooren zu finden. Als Ansitzjäger ernährt er sich vornehmlich von kleinen Insekten. Die Eiablage des Weibchens erfolgt aus der Luft direkt in das Wasser. Die räuberisch lebenden Larven benötigen für ihre Entwicklung zur Libelle bis zu 2 Jahre.

## Kleiner Fuchs

*(Aglais urticae)*

Der Kleine Fuchs ist einer unserer bekanntesten und häufigsten Schmetterlinge. Durch die leuchtend rotbraune Farbe seiner Flügel mit dem charakteristischen Fleckensaum an Vorder- und Hinterflügeln ist die Art leicht zu identifizieren. Der Tagfalter kommt bei uns in offenen Landschaften in 2–3 Generationen pro Jahr vor, die von Mai bis Oktober fliegen. Während sie im Frühjahr bevorzugt auf den Blüten von Löwenzahn und Salweide zu finden ist, nutzt diese Art im Sommer eine breite Palette von Nektarpflanzen. Die Raupen ernähren sich ausschließlich von Brennnesseln. Der Falter überwintert gerne auf Dachböden und gehört dann im März zu den ersten Frühlingsboten.

## Ringelnatter

*(Natrix natrix)*

Unverwechselbar machen diese bis 1,5 m lange, dunkelfarbige Schlange 2 gelbe halbmondförmige Nackenflecke. Die Ringelnatter bevorzugt Biotope in Gewässernähe. Das tagaktive Tier schwimmt und taucht ausgezeichnet. Sie ernährt sich von Fröschen und deren Kaulquappen, aber auch von Fischen und Wasserinsekten. Von September bis März überwintert die Ringelnatter meist gemeinsam mit mehreren Artgenossen in Erdhöhlen und Baumstümpfen. Die völlig harmlose Art ist nicht giftig und beißt fast nie, bei Bedrohung versprüht sie jedoch ein übel riechendes Sekret aus ihren Analdrüsen. Die Ringelnatter ist bei uns geschützt.

# JUNI

## Heilpflanzen am Waldrand

Johanniskraut *(Hypericum perforatum)*
Spitzwegerich *(Plantago lanceolata)*
Gewöhnliche Schafgarbe *(Achillea millefolium)*
Wiesenaugentrost *(Euphrasia rostkoviana)*
Wiesensalbei *(Salvia pratensis)*
Echte Kamille *(Chamomilla recutita)*
Echter Baldrian *(Valeriana officinalis)*
Gewöhnlicher Beinwell *(Symphytum officinale)*
Gewöhnlicher Frauenmantel *(Alchemilla vulgaris)*
Großes Schöllkraut *(Chelidonium majus)*

## Brennnessel-Raupen

Distelfalter *(Cynthia cardui)*
Admiral *(Vanessa atalanta)*
Kleiner Fuchs *(Aglais urticae)*
Tagpfauenauge *(Inachis io)*
C-Falter *(Polygonia c-album)*
Landkärtchen *(Araschnia levana)*

## Orchideen

Weißes Waldvögelein *(Cephalanthera damasonium)*
Rotes Waldvögelein *(Cephalanthera rubra)*
Frauenschuh *(Cyripedium calceolus)*
Nestwurz *(Neottia nidus-avis)*
Kleines Knabenkraut *(Orchis morio)*
Großes Zweiblatt *(Listera ovata)*
Geflecktes Knabenkraut *(Dactylorhiza maculata)*
Mückenhändelwurz *(Gymnadenia conopsea)*
Fliegenragwurz *(Ophrys insectifera)*

## Was blüht jetzt sonst noch?

Wiesenbärenklau *(Heracleum sphondylium)*
Brombeere *(Rubus fructicosus)*
Goldnessel *(Lamium galeobdolon)*
Ampfer-Knöterich *(Persicaria lapathifolia)*
Gewöhnlicher Liguster *(Ligustrum vulgare)*
Mädesüß *(Filipendula ulmaria)*
Scharfer Mauerpfeffer *(Sedum acre)*
Bittersüßer Nachtschatten *(Solanum dulcamara)*
Ochsenzunge *(Anchusa officinalis)*
Wiesenstorchschnabel *(Geranium pratense)*

## Libellenhochzeit

Plattbauch *(Libellula depressa)*
Vierfleck *(Libellula quadrimaculata)*
Blutrote Heidelibelle *(Sympetrum sanguineum)*
Große Pechlibelle *(Ischnura elegans)*
Blauflügel-Prachtlibelle *(Calopteryx virgo)*
Große Königslibelle *(Anax imperator)*
Blaugrüne Mosaikjungfer *(Aeshna cyanea)*

## Welche Vögel sind jetzt da?

Amsel *(Turdus merula)*
Rotkehlchen *(Erithacus rubecula)*
Blaumeise *(Parus caeruleus)*
Buchfink *(Fringilla coelebs)*
Eichelhäher *(Garrulus glandarius)*
Haussperling *(Passer domesticus)*
Buntspecht *(Picoides major)*
Neuntöter *(Lanius collurio)*
Singdrossel *(Turdus philomelos)*
Star *(Sturnus vulgaris)*

## Sonnende Reptilien

Waldeidechse *(Lacerta vivipara)*
Zauneidechse *(Lacerta agilis)*
Blindschleiche *(Anguis fragilis)*
Ringelnatter *(Natrix natrix)*
Schlingnatter *(Coronella austriaca)*
Würfelnatter *(Natrix tessellata)*
Aeskulapnatter *(Elaphe longissima)*
Kreuzotter *(Vipera berus)*

### BEOBACHTUNGSTIPPS

- Reptilien lieben Wärme
- Tandems und Paarungsräder
- Raupen an Brennnesseln
- Schwärmen der Roten Waldameise
- Kuckucksspeichel
- Hirschkäfer in alten Eichenwäldern
- Vogelgesang wird weniger
- Wegrandapotheke
- Tierkinder beim Rotwild
- Orchideen
- Marderranz auf dem Dachboden
- Tanzschwärme der Zuckmücken

# Beobachtungstipps

## Reptilien lieben Wärme

Die Reptilien sind nun endgültig aus ihren Winterverstecken gekrochen. Da ihre Körperwärme unmittelbar von der Umgebungstemperatur abhängt, erwachen viele heimischen Reptilienarten erst dann aus der Winterstarre, wenn für andere Tierarten schon längst die Fortpflanzungszeit begonnen hat. Während Waldeidechse, Blindschleiche und Kreuzotter lichte Wälder bevorzugen, sind Ringel- und Würfelnatter an offene Gewässer gebunden. Die heimischen Eidechsenarten sowie Schling- und Aeskulapnatter sind ausgesprochen wärmeliebend und besiedeln Trockenstandorte wie Mauern, Steinbrüche oder Weinberge. Unverzichtbar für alle Reptilienarten sind ungestörte Sonnenplätze, an denen sie sich »aufheizen« können. Jetzt zur beginnenden Paarungszeit kann man viele Arten auch paarweise beobachten.

## Tandems und Paarungsräder

An stehenden Gewässern mit reichlich Wasser- und Uferpflanzen findet die Libellenhochzeit statt. Die wendigen, bis zu 40 km/h schnellen Flieger zeichnen sich durch ein aufwändiges Paarungsverhalten aus. Dies hängt mit ihrer Anatomie zusammen: Beim Männchen liegen Ausgang der Hoden und das Kopulationsorgan weit auseinander, daher ist als besonderer Akt zunächst einmal das Kopulationsorgan mit Samenzellen zu füllen. Hierfür wird das Hinterleibsende untenherum nach vorne gebogen. Nach einem artspezifisch verschiedenen Balzvorspiel packt das Männchen das Weibchen zuerst mit den Beinen und dann mit den Zangen des Hinterleibs. Die Partner sind jetzt fest zu einem sogenannten Tandem verbunden, das auch gemeinsam fliegt; das Männchen ist vorn bzw. oben. Die als Paarungsrad bezeichnete eigentliche Kopulationsstellung kommt dadurch zustande, dass nun das Weibchen seinen Hinterleib nach vorn krümmt

Die Waldeidechse bewohnt Lichtungen, Kahlschläge, Schneisen und Wegränder. Sie sonnt sich gern auf warmen Steinen.

Bei der Kopulation bilden Männchen und Weibchen der Großen Pechlibelle das charakteristische Paarungsrad.

und den Samen aus dem Kopulationsorgan am 2. und 3. Hinterleibssegment des Männchens aufnimmt. Die Eiablage erfolgt meist unmittelbar nach der Befruchtung, manchmal noch im Tandemflug.

## Wanderflüge der Distelfalter

Ein Naturschauspiel besonderer Art ist die Ankunft der Distelfalter aus dem Süden. Dieser Wanderfalter kommt alljährlich aus dem Mittelmeerraum in mehreren Wellen nach Deutschland. Der Juni ist der Haupteinwanderungsmonat, in dem sich diese Massenbewegung auch mit etwas Glück beobachten lässt: Die Distelfalter fliegen in großen Scharen und auf breiter Front recht schnell etwa 1–2 m über dem Boden, alle natürlich in gleicher Flugrichtung. Die Falter pflanzen sich hier bei uns fort. Die Eier werden an Disteln, Brennnesseln und anderen Pflanzen abgelegt, die auch die Nahrung der Larven bilden. Die 2. Generation ist bis Oktober bei uns heimisch, wandert dann jedoch wieder nach Süden ab, da der kälteempfindliche Falter in der Regel in Mitteleuropa nicht überwintern kann. Die zurückwandernden Falter schaffen jedoch meist die Alpenüberquerung nicht und erfrieren.

## Raupen an Brennnesseln

Der Juni ist die Zeit der »Brennnessel-Raupen«. Diese Pflanze stellt nämlich die Nahrungsgrundlage für die Raupen vieler Schmetterlingsarten dar. Zu Beginn des Monats kann man in größeren »Brennnesselfeldern« noch die Raupen des Kleinen Fuchses, ab Mitte des Monats die ersten frisch geschlüpften Falter und ab Ende Juni die gesellig an

Der Distelfalter ist ein Wanderfalter und wandert jedes Jahr in großen Schwärmen vom Mittelmeerraum aus nach Deutschland ein.

Die Raupen des Tagpfauenauges (s. auch S. 71) sind bei uns eng an die Große Brennnessel gebunden. Dort fressen sie gerne gesellig.

der Oberseite der Blätter fressenden Raupen des Tagpfauenauges beobachten. Im Gegensatz dazu fressen die Raupen des Landkärtchens an der Blattunterseite. Auch C-Falter und Admiral legen ihre Eier an Brennnesseln ab, um ihrem Nachwuchs gleich nach dem Schlüpfen die richtige Futterpflanze zur Verfügung zu stellen.

## Schwärmen der Roten Waldameise

An heißen Junitagen erscheinen die geflügelten Geschlechtstiere der Roten Waldameise *(Formica rufa)* an den Nesteingängen ihrer bis zu 1 m hohen Kuppelbauten und starten zu ihrem gemeinsamen Hochzeitsflug. Kurz nach der Paarung sterben die Männchen. Die befruchteten Weibchen dagegen werfen ihre Flügel ab und suchen ein Nest der Braunen Hilfsameise *(Formica fusca)*. Die Jungkönigin der Roten Waldameise dringt sofort in das fremde Nest ein, tötet dort die »rechtmäßige« Königin und beginnt mit der Eiablage. Die artfremde Brut wird dann von den »unterjochten« Hilfsameisen aufgezogen. Aus den Larven der ersten Brut der Roten Waldameise entstehen Arbeiterinnen, die nach und nach an die Stelle der Hilfsameisen treten, bis die gastgebende Art völlig verdrängt ist. Die Eroberung eines Hilfsameisennests ist jedoch ein sehr risikoreiches Unterfangen. Nur etwa jeder zehntausendste Versuch ist hier von Erfolg gekrönt.

## Kuckucksspeichel

Kuckucksspeichel, so bezeichnet der Volksmund zu Unrecht die jetzt oft an Grashalmen, Blumenstängeln und Gebüschen zu beobachtenden kleinen Schaumgebilde. Verursacher dieser harmlosen schaumigen Gebilde ist die Wiesenschaumzikade *(Philaenus spumarius)*, deren Larven in diesen Schaumtröpfchen leben. Die rund 1 cm großen, oft ganz unterschiedlich gefärbten Wiesenschaumzikaden legen ihre Eier in Risse und Spalten von

Nur die Geschlechtstiere der Roten Waldameise tragen Flügel, um sich auf den sogenannten Hochzeitsflug zu begeben. Allgemein bekannt sind die rund 1 m hohen Ameisennester.

Kuckucksspeichel: Hier hat nicht der Kuckuck hingespuckt, sondern die Larve der Wiesenschaumzikade (man sieht sie rechts oben am Halm sitzen) schützt sich so vor Feinden.

Die mächtigen, geweihartigen Oberkiefer der männlichen Hirschkäfer werden als Waffe bei den Zweikämpfen um die Weibchen eingesetzt.

Pflanzen und decken sie mit einem schaumigen Sekret ab. Im nächsten Frühsommer stechen dann die Larven die Saft führenden Teile ihrer Wirtspflanzen mit ihrem Saugrüssel an und erzeugen den Schaum durch Einpumpen von Luftbläschen aus der Atemhöhle in eine aus dem After austretende Flüssigkeit. Der »Kuckucksspeichel« schützt die Larven vor Fressfeinden und vor Austrocknung.

## Hirschkäfer in alten Eichenwäldern

In Wäldern mit altem Eichenbestand ist jetzt auch der größte heimische Käfer, der Hirschkäfer *(Lucanus cervus)*, anzutreffen. Die mächtigen Greifzangen der Männchen dieses imposanten Käfers haben der Art ihren Namen gegeben. Trotz ihrer Größe sind die Käfer flugfähig und besonders gut in den frühen Abendstunden zu beobachten. Man sieht sie vor allem zwischen Juni und Juli. Die Entwicklungszeit des Hirschkäfers dauert 5–8 Jahre, die er als Larve im Wurzelbereich insbesondere von alten Eichen oder morschen Stubben verbringt, die ihm auch als Nahrung dienen. Mit etwas Glück kann man auch beobachten, wie rivalisierende Hirschkäfermännchen mit ihren geweihähnlichen Mundwerkzeugen erbittert um die Gunst der Weibchen kämpfen. Vor ihren Duellen stärken sich die großen Käfer oft noch mit zuckerhaltigen Säften, die aus Baumwunden austreten. Manchmal hat das fatale Folgen, denn der süße Saft fängt leicht an zu gären. Und da auch Hirschkäfermänner nicht gegen die Wirkung von Alkohol immun sind, stehen sich oft völlig betrunkene Käfer im Zweikampf gegenüber. Die selten gewordene Art ist streng geschützt.

## Vogelgesang wird weniger

Am Ende des Monats wird es jetzt morgens in den Gärten und Parks deutlich ruhiger, denn mit der wieder abnehmenden Tageslänge werden die Vogellieder leiser und seltener. Der Gesang ist

Bereits im Juni wird der Gesang der Vogelschar wieder spärlicher – hier ein Buchfink.

überwiegend von der Tageslänge gesteuert. Man unterscheidet zwischen Gesang und Ruf. Während die wichtigsten Aufgaben des oft aus sehr schönen Klangstrophen bestehenden Gesangs die Reviermarkierung sowie die Zusammenführung und Bindung der Partner sind, sind Rufe einfache und kurze Lautäußerungen, die in bestimmten Situationen (Alarmruf, Erregungsruf, Bettelruf usw.) zu hören sind. Für den geübten Vogelfreund ist es recht einfach, die verschiedenen Gesänge unserer Singvögel zu unterscheiden.

## Wegrandapotheke

Der Frühsommer ist die beste Zeit, um Heilkräuter zu sammeln, denn jetzt stehen die meisten Arten in voller Blüte. Es werden entweder das Laub oder das ganze Kraut mit Blüte gesammelt. Die Blätter sollen gepflückt werden, wenn sie noch jung, aber bereits voll entfaltet sind. Das Gleiche gilt für die Blüten. Deshalb sollte man zu Beginn der Blüte sammeln. Sehr viele Heilpflanzen kommen fast nur noch an Weg- und Straßenrändern vor. Dies ist kein Zufall, denn viele Stellen und Gebiete, an denen früher Heilpflanzen wuchsen, sind heute verschwunden. Großflächige Bebauung, Flussbegradigungen und intensive Landwirtschaft lassen kaum noch Platz für wild wachsende Kräuter. An anderen

Die Echte Kamille ist eine unserer vielseitigsten Heilpflanzen: Sie wirkt entzündungshemmend, wundheilungsfördernd und antibakteriell.

Stellen, an denen die Heilpflanzen noch zu finden sind, sind diese durch Umweltgifte wie Abgase und Pestizide so belastet, dass sie für Heilzwecke nicht mehr zu verwenden sind.

## Tierkinder beim Rotwild

Der Juni ist die Zeit der jungen Rehkitze, die gut versteckt im hohen Gras der Wiesen oder in Feldern und Gebüschen liegen. Sie sind noch zu klein, um der Ricke bei Gefahr zu folgen und bleiben daher auch bei Annäherung eines Menschen oder Hundes still sitzen. Deshalb müssen sie in ihren ersten Lebenstagen völlig auf ihre weiß gefleckte Tracht als Schutz vor Feinden vertrauen.

Auch die Hirschkuh bringt im Juni 1–2 Kälber zur Welt. Zwischen der Kuh und den Kälbern besteht eine intensive und auch lang andauernde Mutter-Kind-Bindung. Die Jungen werden 3–4 Monate gesäugt und mit rund 1 Jahr selbstständig. Geschlechtsreif werden sie dann mit 2–3 Jahren.

## Orchideen

Wenn von Orchideen die Rede ist, denkt man unwillkürlich an exotische Pflanzen aus tropischen Regenwäldern oder Zuchtarten aus dem Gewächshaus. Dabei wird oft vergessen, dass es in Deutschland 55 freilebende Orchideenarten gibt, von denen die meisten auch im Juni/Juli blühen.

Im Juni liegen die frischgeborenen Rehkitze gut versteckt im Gras. Ihre weiß gefleckte Schutztracht schützt sie vor Fressfeinden.

Die vielleicht schönste Orchidee Deutschlands erinnert eigentlich eher an einen Pantoffel als an einen Frauenschuh.

Die häufigste heimische Orchidee ist das Große Zweiblatt, das wegen seiner grünen Blütenfarbe ziemlich unauffällig ist. Selten, aber unvergleichlich schön, ist der Frauenschuh mit seinen gelben, bis zu 8 cm großen Blüten, deren Lippe an die Form eines Pantoffels erinnert. Die gelbbraune Nestwurz ist nicht mehr in der Lage, durch Fotosynthese organische Verbindungen aufzubauen, da ihr das Blattgrün fehlt. Sie ernährt sich daher parasitär an anderen Pflanzen.
Eine Besonderheit der Orchideen ist der meist komplizierte Bestäubungsmechanismus. Viele Orchideen können nur von ganz bestimmten Insekten bestäubt werden. Diese locken sie an, indem Teile der Blüte oder die ganze Blüte das Aussehen des Insekts annehmen, insbesondere bei den Ragwurzarten. Oft verströmen sie sogar den Duft des Weibchens dieser Insektenart, um die Männchen zu täuschen. Alle heimischen Orchideen stehen unter strengem Naturschutz.

## Tanzschwärme der Zuckmücken

Jetzt bilden die Zuckmücken riesige, sogenannte Tanzschwärme, die der Partnerfindung dienen. Die Schwärme bestehen in der Regel nur aus männlichen Mücken, die immer wieder auf und ab »tanzen«. Die artspezifische Frequenz des Flügelschlags der Männchen führt zu einem Summton, der Weibchen der gleichen Art anlockt, die dann meist einzeln in den Schwarm fliegen, um sich zu paaren. Die eigentliche Paarung beginnt bereits in der Luft und wird dann häufig am Boden vollendet. Die Weibchen beginnen mit der Eiablage sofort nach der Kopulation. Bei vielen Arten werden die aus rund 3000 Eiern bestehenden Eiballen von

Zuckmücken haben im Verhältnis zur Körperlänge kurze Flügel und strecken beim Sitzen die Vorderbeine nach oben über den Kopf. Die Männchen tragen büschelförmige Fühler.

Steinmarder kommen auch in den menschlichen Siedlungsbereich, z. B. in Schuppen oder auf Dachböden.

den Weibchen im Flug über freien Wasserflächen abgeworfen. Nach der Eiablage sterben die Weibchen und auch die Männchen leben nicht viel länger. In ihrem nur wenige Tage währenden Mückenleben nehmen Zuckmücken keine Nahrung zu sich.

Auf größere Entfernung erinnern die Tanzschwärme von Zuckmücken, die bei gutem Wetter bis zu hundert Meter aufsteigen können, oft an Rauchsäulen. Diese optische Täuschung ist oft so perfekt, dass in der Vergangenheit schon mehrfach die Feuerwehr ausrückte, um den vermeintlichen Brand zu löschen.

### Marderranz auf dem Dachboden

Oft merkt man es erst im Frühsommer, dass man einen Steinmarder *(Martes foina)* im Haus hat. Denn der Kulturfolger ist im Gegensatz zu seinem nahen Verwandten, dem Baummarder *(Martes martes)*, längst in bewohnte Gebiete vorgedrungen. Gerne quartieren sich die Steinmarder unter dem Dach ein. Ihre Anwesenheit wird zumeist gar nicht bemerkt, aber im Juni/Juli, zur Paarungszeit (Ranz) der Marder, kommt es auf dem Dachboden oft zu einem derart lautstarken nächtlichen Treiben, dass an Schlaf nicht zu denken ist. Die recht zierlichen Tiere poltern manchmal so kräftig, dass ein Einbrecher im Haus vermutet wird.

Rund 280 Tage nach der Paarung wirft das Weibchen dann im März/April 3–4 ziemlich unterentwickelte Junge, die erst im Spätsommer selbstständig werden. Noch einmal laut wird es, wenn dann die Marderjungen den Dachboden als Spielwiese zweckentfremden. Der erwachsene Steinmarder ist ein Einzelgänger, der nur zur Paarungszeit in seinem Revier Artgenossen duldet.

# Sommer

# JULI

Die rasante Entwicklung von Tier- und Pflanzenwelt kommt im Hochsommer langsam zur Ruhe. Der Sommerwald ist in eine blau-rote Blütenpracht getaucht, auf den Wiesen leuchten die Blumen in allen Farben. Die Singzeiten der Singvögel enden in der Mitte des Monats, sie sind mit der Jungenaufzucht beschäftigt. Andere Arten beginnen schon mit dem Gefiederwechsel. An heißen Julitagen kann man das erste Mal und z. T. schon in Massen auf den Wiesen Heupferde beobachten. In warmen Nächten ist noch das Leuchten der **Glühwürmchen** zu beobachten. Für die **Kaulquappen** dagegen ist die Zeit der Verwandlung gekommen – sie gehen an Land und werden zu **Fröschen**.

# Charakterarten

## Wiesenbärenklau

*(Heracleum sphondyleum)*

Das bis zu 150 cm hohe Kraut mit den gefiederten Blättern und den charakteristisch aufgeblasenen Blattscheiden ist ein typischer Sommerblüher. Die weißen Blüten sind in einer 15–30-strahligen Dolde angeordnet. Wie bei fast allen Doldengewächsen werden die Blüten von zahlreichen Käfer- und Fliegenarten bestäubt. Der Wiesenbärenklau kommt besonders häufig auf nährstoffreichen Wiesen vor. Im Pflanzensaft sind Furocumarine enthalten, die bei Kontakt mit der menschlichen Haut schwere Hautirritationen hervorrufen können. Dem Wiesenbärenklau werden aber auch aphrodisierende Wirkungen nachgesagt.

## Roter Fingerhut

*(Digitalis purpurea)*

Die ausgesprochen schöne Pflanze mit den großen, fingerhutförmigen Blüten (Name!) blüht von Juni bis August. Die sattroten Blüten hängen in einer Traube am oberen Teil des Stängels alle in einer Richtung. Recht häufig kommen auch Exemplare mit weißen Blüten vor. Der Rote Fingerhut wächst auf Waldlichtungen, Kahlschlägen und an Wegrändern. Die Art enthält vor allem in den Blättern die hochgiftigen Digitalis-Glykoside. Während der Rote Fingerhut im Mittelalter noch bei den Meuchelmördern ein beliebtes Hilfsmittel war, ist er heute ein wichtiger Rohstofflieferant der Pharmaindustrie für verschiedene Herzmittel.

## Indisches Springkraut

*(Impatiens glandulifera)*

Die Heimat des Indischen Springkrauts ist der Himalaya. Die bis 2 m hohe Pflanze aus der Familie der Springkrautgewächse wurde Mitte des 19. Jahrhunderts als Zierpflanze und Bienenweide nach Europa eingeführt und verwilderte rasch. Die auffällig rotvioletten Blüten mit dem charakteristischen Sporn sind von Juli bis Oktober zu sehen. Die Halbschattenpflanze bevorzugt Ufergebiete, Feuchtwiesen und Auwälder. Das Indische Springkraut kann aufgrund seiner enormen Samenproduktion rasch große Flächen besiedeln und dadurch die heimische Begleitflora an Gewässern begleitende Flora verdrängen.

## Gelbrandkäfer

*(Dytiscus marginalis)*

Der Gelbrandkäfer gehört zur Familie der Schwimmkäfer und ist perfekt an ein Leben im Wasser angepasst. Der gelbe Streifen am Körperrand hat der Art ihren Namen gegeben. Die Hinterbeine sind zu effektiven Schwimmbeinen abgewandelt worden, der Käfer ist aber auch ein guter Flieger. Männchen und Weibchen sind gut zu unterscheiden: Die Flügeldecken des Weibchens sind stark gefurcht; dadurch können sich die Männchen bei der Paarung besser festhalten. Gelbrandkäfer kommen vor allem in stehenden Gewässern mit reichlich Wasserpflanzen vor. Manchmal besiedeln sie auch Gartenteiche. Käfer und Larven leben räuberisch von Insekten, Kaulquappen und Jungfischen.

## Zauneidechse

*(Lacerta agilis)*

Die Zeichnung und Färbung dieser etwas plump wirkenden Eidechse ist äußerst variabel, wobei unterschiedliche Grün- und Brauntöne dominieren. Die sehr wärmebedürftige Art ist im Sommer oft beim ausgedehnten Sonnenbaden auf Steinen, Holzstapeln oder Pfosten zu beobachten. Sie ernährt sich hauptsächlich von Gliederfüßern aller Art. Die Zauneidechse bevorzugt hauptsächlich anthropogen entstandene Heideflächen, Trocken- und Magerrasen. Aufforstung und Flurbereinigungsmaßnahmen haben in der Vergangenheit zu einem starken Rückgang der Zauneidechsenpopulationen geführt. Deshalb gehört die Zauneidechse bei uns zu den geschützten Arten.

## Turmfalke

*(Falco tinnunculus)*

Der Turmfalke ist die kleinste, aber auch häufigste unserer 3 heimischen Falkenarten. Er bevorzugt offene Landschaften und nistet in Felsenhöhlen und auf Bäumen, oftmals aber auch auf Gebäudevorsprüngen mitten in der Stadt. Seine Nahrung sind Insekten, Reptilien, kleine Vögel und Säuger, die er in schnellem Sturzflug schlägt. Typisch für den Turmfalken ist seine auffällige Jagdweise: Er stellt sich im Flug gegen den Wind und verharrt dank seines »Rüttelflugs« an der gleichen Stelle, von der aus er nach Beute Ausschau halten kann. Der Turmfalke überwintert in ganz Mitteleuropa.

# JULI

## Blau-rote Blütenpracht im Sommerwald

Akelei *(Aquilegia vulgaris)*
Roter Fingerhut *(Digitalis purpurea)*
Schmalblättriges Weidenröschen *(Epilobium angustifolium)*
Türkenbund *(Lilium martagon)*
Waldziest *(Stachys sylvatica)*
Gewöhnlicher Beinwell *(Symphytum officinale)*
Bittersüßer Nachtschatten *(Solanum dulcamara)*
Blauer Eisenhut *(Aconitum napellus)*
Indisches Springkraut *(Impatiens glandulifera)*

## Pflanzen auf Trockenrasen

Kleines Knabenkraut *(Orchis morio)*
Scharfer Mauerpfeffer *(Sedum acre)*
Gewöhnlicher Thymian *(Thymus pulegoides)*
Karthäusernelke *(Dianthus carthusianorum)*
Wiesensalbei *(Salvia pratensis)*
Johanniskraut *(Hypericum perforatum)*
Rundblättrige Glockenblume *(Campanula rotundifolia)*

## Sommerwiese

Wiesenkerbel *(Anthriscus silvestris)*
Wiesenbärenklau *(Heracleum sphondyleum)*
Großer Wiesenknopf *(Sanguisorba officinalis)*
Wiesenplatterbse *(Lathyrus pratensis)*
Wiesenbocksbart *(Tragopogon pratensis)*
Wiesenklee *(Trifolium pratense)*
Wiesenstorchschnabel *(Geranium pratense)*
Wiesenglockenblume *(Campanula patula)*
Wiesenflockenblume *(Centaurea jacea)*
Wiesenlabkraut *(Galium mollugo)*

## Was blüht jetzt sonst noch?

Augentrost *(Euphrasia officinalis)*
Riesenbärenklau *(Euphrasia officinalis)*
Gefranster Enzian *(Gentianella ciliata)*
Mückenhändelwurz *(Gymnadenia conopsea)*
Echte Kamille *(Matricaria camomilla)*
Wasserknöterich *(Persicaria amphibia)*
Margerite *(Leucanthemum vulgare)*
Kornblume *(Centaurea cyanus)*
Gewöhnliche Quecke *(Elymus repens)*

## Welche Vögel sind jetzt da?

Amsel *(Turdus merula)*
Grünling *(Chloris chloris)*
Rotkehlchen *(Erithacus rubecula)*
Blaumeise *(Parus caeruleus)*
Buchfink *(Fringilla coelebs)*
Eichelhäher *(Garrulus glandarius)*
Haussperling *(Passer domesticus)*
Buntspecht *(Picoides major)*
Neuntöter *(Lanius collurio)*
Singdrossel *(Turdus philomelos)*
Star *(Sturnus vulgaris)*

## Schmetterlinge auf Waldwegen

Kleiner Eisvogel *(Limenitis camilla)*
Großer Perlmutterfalter *(Argynnis aglaja)*
Großer Schillerfalter *(Apatura iris)*
Landkärtchen *(Araschnia levana)*
Mohrenfalter *(Erebia ligea)*
Trauermantel *(Nymphalis antiopa)*
Großes Ochsenauge *(Maniola jurtina)*
Waldbrettspiel *(Pararge aegeria)*

## Wirbellose Tiere im Teich

Wasserläufer *(Gerris spec.)*
Gewöhnliche Teichmuschel *(Anodonta cygnea)*
Medizinischer Blutegel *(Hirudo medicinalis)*
Wasserassel *(Asellus aquaticus)*
Libellenlarven *(Odonata)*
Gewöhnlicher Rückenschwimmer *(Notonecta glauca)*
Gewöhnlicher Taumelkäfer *(Gyrinus substriatus)*
Gelbrandkäfer *(Dytiscus marginalis)*
Große Posthornschnecke *(Planorbarius corneus)*
Wasserskorpion *(Nepa rubra)*

### BEOBACHTUNGSTIPPS

- Vom Springkraut beschossen
- Graureiher sind auf der Jagd
- Ein kleiner Schmetterling verändert das Stadtbild
- Vorsicht Riesenbärenklau!
- Paarung der Wespenspinne
- Stinkende Stinkmorcheln
- Schmetterlinge auf Waldwegen
- Leben im Teich
- Von der Kaulquappe zum Frosch
- Blau-rote Blütenpracht im Sommerwald
- Das Taubenschwänzchen – der »Kolibrifalter«
- Sommerwiesen-Vielfalt
- Glühwürmchen leuchten in der Nacht
- Trockenrasen als europäische Steppe
- Heidelibelle macht Kopfstand

# Beobachtungstipps

## Vom Springkraut beschossen

Spaziergänger aufgepasst! In Wäldern und Auen »schießt« jetzt das Große Springkraut – absolut ungefährlich, aber doch sehr beeindruckend. Bei den Fruchtkapseln dieser bis 1 m hohen, krautigen Pflanzen mit den wunderschönen, gelben, zwittrigen Blüten, handelt es sich nämlich um sogenannte »Explosionsfrüchte«. Die Fruchtkapseln des Springkrauts schwellen nach der Blüte durch die Einlagerung von Zellwasser massiv an und besitzen dadurch einen hohen Innendruck. Schon die kleinste äußere Berührung genügt dann, um diese Spannungen zu lösen und die Kapsel zu »sprengen«. Die Wände der Fruchtkapsel reißen an vorgebildeten Nähten blitzschnell auf und die Samen werden in hohem Bogen bis zu einige Meter weit fortgeschleudert. Dieses auch als »Saftdruckstreuung« bezeichnete Prinzip trägt natürlich erheblich zu einer guten Verbreitung der Samen bei. Seine eigenartige »Blütenmechanik« hat nicht nur für den deutschen, sondern auch für den wissenschaftlichen Namen des Springkrauts gesorgt: *Impatiens noli tangere* ist nämlich die Verkürzung des lat.: »noli me tangere«, was übersetzt »Rühr mich nicht an« bedeutet.

## Graureiher sind auf der Jagd

In der Nähe von Flussufern, aber auch an Seen und Teichen kann man jetzt den Graureiher auf der Pirsch beobachten. Bei der Jagd nach Beute stehen die bis 1 m großen Vögel oft lange Zeit völlig unbeweglich am Ufer, im seichten Wasser oder auf feuchten Wiesen und schlagen erst dann blitzartig zu, wenn sich ein Beutetier in die Reichweite ihres langen, dolchartigen Schnabels wagt. Graureiher ernähen sich hauptsächlich von kleineren Fischen, Fröschen, Molchen, Schlangen und Wasserinsekten. Ab und an erbeuten die Vögel aber auch Mäuse und Ratten, die sie – wie auch die anderen Nahrungstiere – im Ganzen verschlingen.

Die schlanken Früchte des Großen Springkrauts schleudern bei Berührung ihre Samen explosionsartig davon.

Graureiher kommen manchmal sogar an Gartenteiche, um dort ihre Fische zu fangen.

Graureiher jagen in der Regel alleine und verteidigen ihr Nahrungsterritorium manchmal derart energisch gegen Rivalen, dass es zu Tötungen eines konkurrierenden Reihers kommt.
In der letzten Zeit hat der Graureiher auch immer mehr die Stadt als Lebensraum für sich entdeckt. Mittlerweile können die großen Schreitvögel sogar in vielen Innenstädten beobachtet werden, wo sie das üppige Nahrungsangebot der fischreichen Teiche der Parks nutzen oder als wenig gern gesehener Gast auch an den Fütterungen der Pinguine in den Zoologischen Gärten teilnehmen.
Als vermeintlicher Fischschädling wurde der Graureiher früher erbarmungslos gejagt und stand in den 1970er Jahren in Deutschland kurz vor der Ausrottung. Heute sind die Bestände der majestätischen Vögel dank strenger Schutzmaßnahmen wieder deutlich angestiegen.

## Ein kleiner Schmetterling verändert das Stadtbild

Läuft man im Frühsommer durch die Straßen und Parks unserer Städte, fällt auf, dass viele der dort stehenden Rosskastanien (S. 23) alles andere als gesund aussehen. Die Blätter, die eigentlich grasgrün sein sollten, sind zum Teil in erheblichem Maße von hässlichen braunen Stellen überzogen und wirken vertrocknet.
Schuld an diesem beklagenswerten Zustand ist ein winziger Falter, die Kastanienminiermotte, ein Schadschmetterling, der sich seit Mitte der 1980er-Jahre von Makedonien ausgehend rasant über Österreich kommend in Mitteleuropa ausgebreitet hat und dort in der Boulevardpresse für Schlagzeilen wie etwa »Killermotte verursacht Biergartensterben« sorgte. Offenbar waren vor allem Pkws bzw. Lkws maßgeblich an der Ausbreitung beteiligt, da auffällig viele Kastanien auf Autobahnparkplätzen befallen waren. Heute ist der Schmetterling flächendeckend über Deutschland verbreitet.
Es sind die Larven der Kastanienminiermotte, die schon früh im Jahr genüsslich kleine Gänge, sogenannte »Minen«, durch die Kastanienblätter fressen, sodass die Wasserversorgung der Blätter gestört wird und diese sich nicht erst im Herbst, sondern bereits im Frühsommer rotbraun verfärben und abfallen. Die Bekämpfung der Kastanienschädlinge gestaltet sich schwierig, da z. B. ein Einsatz von chemischen Insektiziden in Wohngebieten aus Umwelt- und gesundheitsrelevanten Gründen sicherlich nicht unbedenklich ist.

## Vorsicht Riesenbärenklau!

Im Frühsommer lässt jetzt auch der Riesenbärenklau seine üppigen weißen Doldenblüten erstrahlen. Mit einer stattlichen Größe von bis zu 3,5 Metern gehört die ursprünglich aus dem Kaukasus stammende Pflanze mit Sicherheit zu den impo-

santesten Gewächsen unserer Wiesen und Weiden. Aber im Umgang mit der durchaus dekorativen Pflanze ist höchste Vorsicht geboten: Gefährlich für den Menschen macht den Riesenbärenklau nämlich sein Pflanzensaft, der, wie andere Doldenblütengewächse auch, sogenannte Furanocumarine enthält. Das sind Substanzen, die bei einem Hautkontakt bei gleichzeitiger oder anschließender Bestrahlung durch Sonnenlicht sogenannte phototoxische Reaktionen, das heißt Rötungen und Reizungen mit verbrennungsähnlichen Symptomen, hervorrufen können.
Oft genügt bereits ein einfacher Kontakt zum Beispiel mit einem Teil der Pflanze, um beim Betroffenen oft großflächige und äußerst schmerzhafte Hautentzündungen zu verursachen, die meist mit Blasenbildung einhergehen. Besonders gefährdet sind Kinder, die die hohlen, dickwandigen Stängel der Pflanze gerne als Blasrohre benutzen. Der Heilungsprozess der oft anhaltend nässenden Wunden kann sich mitunter über Wochen hinziehen. Manchmal bleiben auch unschöne Narben zurück.

## Paarung der Wespenspinne

Ab Ende Juni kann man mit etwas Glück auf Wiesen und Weiden die Paarung der Wespenspinnen beobachten, deren weithin sichtbares gelbschwarzes Streifenmuster sehr an die Warntracht von Wespen erinnert: Zunächst einmal begibt sich bei dem hochinteressanten Paarungsritual dieser Spinnenart das im Vergleich zum Weibchen deutlich kleinere Männchen in die Peripherie eines von einem Weibchen besetzten Netzes. Dort versucht das Männchen dann durch wiederholtes Zupfen an den Netzfäden das Weibchen von seinen Absichten in Kenntnis zu setzen. Ist das Weibchen mit der Paarung einverstanden, hebt es den Körper soweit an, dass das Männchen in diesen Zwischenraum kriechen und mit der Befruchtung beginnen kann. Allerdings kann es jetzt für das Männchen ziemlich unangenehm werden, denn Wespenspinnenweibchen neigen wie viele andere Spinnenweibchen auch zum sogenannten »Sexualkannibalismus« und versuchen das Männchen unmittelbar nach oder sogar noch während der Paarung zu verzehren. Nur selten gelingt es dem körperlich unterlegenen Männchen zu fliehen. Entgegen sich hartnäckig haltender Gerüchte ist das Gift der Wespenspinne für den Menschen nicht gefährlich. Außerdem sind die Giftklauen dieser Art nicht lang genug, um die menschliche Haut zu durchbrechen.

## Stinkende Stinkmorcheln

In vielen unserer Wälder, aber auch in Gärten und Parks, erscheinen jetzt die Fruchtkörper der Stinkmorchel. Lange bevor man diesen Pilz jedoch entdeckt, macht sich zunächst einmal sein widerlicher Aasgeruch bemerkbar. Dieser Gestank kommt von

Der aasartige Geruch der Stinkmorchel lockt zahlreiche Fliegen an, die für die Verbreitung der Pilzsporen sorgen.

der schleimigen dunkelgrünen Sporenmasse, die den wabenartig strukturierten Hut der Stinkmorchel überzieht. Mit dem üblen Geruch sollen Aasfliegen angelockt werden, die mit jedem Tröpfchen Schleim Tausende von Pilzsporen aufnehmen und so die Verbreitung der Stinkmorchel gewährleisten. Der Geruch der Stinkmorchel kann in einigen Fällen derart penetrant sein, dass er zu einer unerträglichen Belästigung wird.
Der wissenschaftliche Name der Stinkmorchel lautet übrigens *Phallus impudicus* = schamloser Penis – und genau so sieht der rund 20 cm große Pilz auch aus. Kein Wunder bei dieser Form, dass man den Pilz früher gerne auch zur Herstellung potenzstärkender Tränke verwendet hat.
Da die Stinkmorchel nicht selten auf Grabhügeln wächst, glaubte man früher, dass der darunter liegende Tote wegen eines ungesühnten Verbrechens gestorben sei und jetzt als Zeichen eine Stinkmorchel (Leichenfinger) an die Oberfläche sende, um vor einem ähnlichen Schicksal zu warnen.

## Von der Kaulquappe zum Frosch

Ende Juli ist die beste Zeit, um zu beobachten, wie sich die Kaulquappen vieler Froschlurche in winzige Frösche, Kröten oder Unken verwandeln und aus den Gewässern steigen, um ab jetzt vorwiegend ein Leben an Land zu führen. Im Laufe dieser Metamorphose bilden die Kaulquappen zunächst Hinterbeine und dann Vorderbeine aus und den Kaulquappenschwanz hingegen zurück, den sie an Land nicht mehr benötigen. Gleichzeitig stellen sie ihre Atmung von Kiemen- auf Lungenatmung um. An den Gewässern hüpfen jetzt die 1–2 cm großen Mini-Frösche in einer so hohen Anzahl umher, dass man in früheren Zeiten dieses Phänomen als »Froschregen« bezeichnete – glaubten unsere Vorfahren doch, dass die vielen Mini-

Bei dieser Kaulquappe des Grasfrosches sind bereits kleine Hinterbeine ausgebildet; die Vorderbeine erscheinen später.

frösche mitsamt dem Regen vom Himmel gefallen wären … Die jungen Frösche bleiben noch etwa 2 Monate an »ihren« Gewässern, bevor sie sich dann spätestens Ende September in die Winterquartiere zurückziehen. Übrigens: Während die Kaulquappen vorwiegend Vegetarier sind, ernähren sich die erwachsenen Frösche ausschließlich von tierischer Nahrung wie Insekten, Würmern und Schnecken.

## Schmetterlinge auf Waldwegen

Im Juli ist die große Zeit der Waldschmetterlinge angebrochen. Insbesondere auf Waldwegen und Lichtungen der heimischen Laub- und Mischwälder lassen sich farbenprächtige Arten wie der sehr scheue Große Schillerfalter, der schwarz-weiße Eisvogel oder das bunte Landkärtchen beobachten. Aber auch Mohrenfalter, Trauermantel und Schachbrettfalter bevorzugen den Halbschatten unserer Wälder, in dem sie allerdings nur schwer zu entdecken sind. Viele dieser Arten haben eine Vorliebe

Der Große Schillerfalter ist sehr gut am Vormittag zu beobachten, wenn er an Exkrementen oder Baumsaft saugt oder Feuchtigkeit am Boden aufnimmt.

Wasserläufer gleiten auf der Wasseroberfläche ruckartig dahin. Ihr Körper wird von der Oberflächenspannung des Wassers getragen.

für übel riechende Stoffe wie Hunde- oder Pferdekot sowie verendete Tiere, an denen sie saugen. Andere Arten trinken Nektar an verschiedenen Blüten oder aber den austretenden Saft aus Baumwunden.

## Leben im Teich

Im Hochsommer gibt es an Teich und Tümpel am meisten zu sehen. Schon mit dem bloßen Auge lassen sich die vielfältigsten Tierarten im Oberflächenbereich beobachten. Ein Kescher und eine Lupe erschließen dem Betrachter jedoch auch tiefere Zonen und eine noch größere Artenfülle, denn das Tierleben im Teich ist vielschichtig, und das im wahrsten Sinne des Wortes. Auf der Wasseroberfläche nutzt der zu den Wanzen gehörende Wasserläufer die Oberflächenspannung des Wassers aus und gleitet wie ein Schlittschuhläufer über den Teich. Direkt unter der Wasseroberfläche lauern die Rückenschwimmer auf Beute. Schwimmkäfer und Libellenlarven gehen dagegen in größerer Tiefe auf die Jagd. Am Grunde des Weihers finden sich neben Teichmuscheln und Blutegeln auch noch zahlreiche Insektenlarven aller Art.

## Blau-rote Blütenpracht im Sommerwald

Im sommerlichen Wald ist es am Boden sehr schattig und auch sehr eng geworden, deshalb beherrschen jetzt die Hochstauden das Bild. Optisch ist die Zeit der Farben Rot und Blau und ihrer Mischformen angebrochen, denn einige unserer schönsten, aber auch seltensten Pflanzen blühen nun in diesen Farben: Neben dem allbekannten, viel zitierten Roten Fingerhut sind dies vor allem der an einen Turban erinnernde Türkenbund und die durch ihren spitzen Blütensporn gekennzeichnete Akelei. Die beiden letztgenannten Arten sind streng geschützt. In feuchteren Wäldern findet man neben dem seltenen Blauen Eisenhut 2 weitaus häufiger vorkommende Pflanzen: den Gewöhnlichen Beinwell und den Bittersüßen Nachtschatten. Auf kalkreichen Standorten kann man mit etwas Glück auch unserer größten heimischen Orchidee, dem Frauenschuh, begegnen.

## Das Taubenschwänzchen – der »Kolibrifalter«

»Heute habe ich auf dem Balkon einen Kolibri gesehen!« Solche oder ähnliche Berichte häufen sich regelmäßig in warmen Sommern bei Zeitungen, zoologischen Instituten und Naturschutzverbänden. Südamerikanische Kolibris mitten in Deutschland – ist das möglich? Nein, denn Experten wissen, bei dem vermeintlichen Kolibri handelt es sich um einen Schmetterling – das Taubenschwänzchen *(Macroglossum stellatarum)*. Er ist ein Wanderfalter, der zum Sommeranfang aus den Mittelmeerländern zu uns kommt.

Der leicht brummende Schwirrflug und das »in der Luft Stehen« dieses tagaktiven Schmetterlings erinnern tatsächlich stark an den Flug eines Kolibris. Hinzu kommt noch, dass zum einem der Hinterleib des Taubenschwänzchens einem Federschwanz ähnelt und dass zum anderen der Schmetterling genau wie ein Kolibri den Blütennektar im Flug aufnimmt und schnell von Blüte zu Blüte wechselt. Sogar rückwärts fliegen kann der kleine Falter, ein Kunststück, das nur ganz wenige Insekten beherrschen. Das außergewöhnliche Flugverhalten des Taubenschwänzchens wird durch die enorme Schlagfrequenz der Flügel ermöglicht, die bei unglaublichen 70–90 Schlägen in der Sekunde liegt. Und lahme Enten sind die Schmetterlinge auch nicht gerade, können sie doch Spitzengeschwindigkeiten von bis zu 80 km/h erreichen. Auf diese Weise kann das Taubenschwänzchen in 5 Minuten bis zu 100 Blüten besuchen!

## Sommerwiesen – Vielfalt aus Menschenhand

Die Blumenvielfalt unserer bunten Sommerwiesen ist immer ein Werk des Menschen, denn ohne den

Der Name des zu den Liliengewächsen gehörenden Türkenbundes kommt von seinen turbanähnlich geformten Blüten.

Das Taubenschwänzchen ist kein Kolibri, sondern ein Schmetterling. Es schwebt vor der Blüte und saugt mit seinem langen Rüssel Nektar.

regelmäßigen Schnitt würden sich die Wiesen bald in braune Flächen aus abgestorbenen und verfaulten Pflanzen verwandeln. Durch die immer dichter werdende Schicht aus toten Halmen würden viele typische Wiesenpflanzen an Lichtmangel ersticken – nur noch einige wenige hochwüchsige Kräuter könnten sich durchsetzen. Allmählich wären auch Gehölze in der Lage Fuß zu fassen und nach einer Verbuschungsperiode würde sich die Wiese über kurz oder lang in einen Wald verwandeln.
Dies bedeutet jedoch nicht, dass Wiesen künstliche bzw. naturferne Objekte sind, denn die Wiesenpflanzen sind in der Regel heimische Wildkräuter. Bei einer umweltgerechten Nutzung zeigen Blumenwiesen eine unglaubliche Stabilität: So ist bekannt, dass naturnahe Wiesen mehrere Jahrhunderte hinweg genutzt werden können, ohne Verschleißerscheinungen zu zeigen. Übrigens gilt: Je mehr eine Wiese gedüngt wird, desto artenärmer wird sie!

## Glühwürmchen leuchten in der Nacht

In Laubwäldern und Parks zaubert in warmen Nächten das grünliche Leuchten und Flimmern der Glüh- oder Johanniswürmchen eine unnachahmlich romantische Stimmung. Die Bezeichnung Glühwürmchen ist irreführend, denn es handelt sich hier keinesfalls um einen Wurm, sondern um den rund 1 cm großen sogenannten Kleinen Leuchtkäfer *(Lamprohiza splendidula)*, der ab Juni in größeren Schwärmen abends und nachts auf Wiesen, an Waldrändern, Bäumen und Büschen anzutreffen ist. Nur die Männchen können fliegen. Die Weibchen dagegen ähneln im Habitus eher einer Larve oder einem Wurm, daher stammt auch der Name »Glühwürmchen«. Die Lichtsignale dienen der Partnerfindung und werden in einem enzymatisch gesteuerten chemischen Prozess in den Leuchtorganen der Käfer erzeugt. Ende Juni/

Das geheimnisvolle Leuchten der Glühwürmchen in warmen Sommernächten dient der Partnerfindung. Hier Männchen (links) und flügelloses Weibchen des Kleinen Leuchtkäfers.

Anfang Juli halten die Glühwürmchen Hochzeit. Die Weibchen erklettern dann Grashalme und machen die schwärmenden Männchen mittels Leuchtzeichen auf sich aufmerksam.
Die in 2 m Höhe kreisenden, ebenfalls leuchtenden Männchen, die auffällige, lichtstarke Augen besitzen und gute Flieger sind, können die Lichtsignale eines Weibchens schnell ausmachen und punktgenau bei ihm landen. Aus nächster Nähe erkennen sich Männchen und Weibchen am Geruch; Paarung und Eiablage finden am Boden statt. Beide Partner sterben wenige Tage nach der Paarung. Die Larven ernähren sich von Schnecken und überwintern.

## Trockenrasen – eine europäische Steppe

Trockenrasen sind meist lückig bewachsene, von niedrigwüchsigen Gräsern und Kräutern dominierte, nicht oder extensiv genutzte, steppenartige Lebensräume auf trockenen Böden. Je nach Bodenbeschaffenheit (z. B. Kalk- oder Sandböden) gibt es sie in den verschiedensten Ausprägungen. Allen Trockenrasentypen gemeinsam ist der extreme Standort, an dem die Pflanzen in der Lage sein müssen, auch längere Trockenperioden überstehen zu können. Die meisten Pflanzen zeigen auch entsprechende Anpassungen: niedriger Wuchs, kleine Blätter mit Behaarung oder Wachsüberzug. Im Gegensatz zu den Wiesen haben die meisten Trockenrasen nur 2 Blühperioden, eine sehr frühe und eine jetzt im Sommer. Trockenrasen weisen auch meist eine eigenständige Tierwelt auf, die durch Inselvorkommen zahlreicher sonst südlicher bzw. südöstlicher verbreiteter Arten gekennzeichnet ist.

## Heidelibelle macht Kopfstand

Im Hochsommer, wenn es sehr heiß ist, richtet die Gemeine Heidelibelle, eine unserer hübschesten Libellen, ihren langen Hinterleib wie einen Speer gegen die Sonne. Sie steht dann quasi auf dem Kopf. Was auf den ersten Blick wie eine Turnübung aussieht, hat jedoch einen wichtigen Hintergrund. In der sogenannten »Obeliskenstellung« bietet die Heidelibelle den Sonnenstrahlen nur wenig Angriffsfläche. So kann die Libelle eine Überhitzung durch zuviel Sonneneinstrahlung vermeiden. Die meisten Ansitzpositionen der schnellen Jägerin befinden sich nämlich meist in der prallen Sonne.

Die schütter bewachsenen Trockenrasen gehören zu den artenreichsten Lebensräumen Mitteleuropas.

# Sommer

# AUGUST

Der August ist der heißeste Monat im Jahr. Es ist Hochsommer, die Erntezeit ist in vollem Gange. Jetzt wird auch der scheue **Feldhamster** aktiv. In den Seen und Teichen blühen die **Seerosen**; an Land sind jedoch viele Blüten bereits verblüht. In der Sommerhitze reifen die Früchte, die in allen Farben leuchten. An den **Disteln** lassen sich viele Schmetterlingsarten beobachten. Auf den Wiesen ist jetzt das Zirpen der **Heuschrecken** und **Grillen** unüberhörbar. **Siebenschläfer** und **Haselmäuse** sind zurzeit besonders aktiv. Sie können am Abend am Waldrand beobachtet werden. Die **Störche** machen sich jetzt zu ihren Winterquartieren in Afrika auf. Auch die **Feldlerche** verlässt ihren Brutplatz.

# Charakterarten

## Brombeere

*(Rubus fruticosus)*

Der sommergrüne Strauch mit scharfen Stacheln an den Blattstielen trägt weiße Blüten mit 5 Blütenblättern, die von Mai bis August erscheinen. Die aromatischen, wohlschmeckenden Früchte sind Sammelfrüchte, die aus einzelnen Steinfrüchtchen bestehen. Ab August färben sich die Früchte von Grün über Rot bis zu einem tiefen Schwarzblau um. Die Brombeere findet man sehr häufig in Gebüschen und Wäldern. Sie bildet kriechende, sich leicht bewurzelnde Triebe, was schnell zu einer dichten Dickichtbildung führen kann. Die Brombeere mag nährstoffreiche, oft auch steinige Böden.

## Schwarzer Holunder

*(Sambucus nigra)*

Der Schwarze Holunder ist ein schnellwüchsiges Gehölz, das Höhen von bis zu 10 m erreichen kann. Der Strauch kommt in Laub- und Auwäldern, aber auch in Hecken und Gärten vor. Die Holunderblüte im Juni zeigt den Beginn des Frühsommers an. Die weißen, flachen Blütenrispen duften stark. Ab dem August reifen die glänzend schwarzen, beerenartigen Steinfrüchte. Die getrockneten Blüten werden als Tee gegen Erkältungskrankheiten eingesetzt. Aus den gekochten vitaminhaltigen Früchten werden Marmelade, Saft und Wein gewonnen. Die Germanen widmeten den Holunder der Göttin Holla, der Name bedeutet »Baum der Holla«.

## Weiße Seerose

*(Nymphaea alba)*

Die Weiße Seerose hat bis zu 12 cm große weiße Blüten mit zahlreichen gelben Staubblättern in der Mitte. Die Blühzeit der zu den Schwimmblattpflanzen zählenden Wasserpflanze ist von Mai bis Oktober. Wie die Blüten sind auch die großen lederartigen Schwimmblätter mit langen elastischen Stielen am dicken, im Schlamm kriechenden Wurzelstock befestigt. Die attraktiven Blüten sind tagsüber von ca. 7–16 Uhr geöffnet und schließen sich dann trotz intensivem Sonnenlicht sehr rasch. Die

Pflanze kommt in stehenden oder langsam fließenden Gewässern mit geringer Tiefe vor. Früher galt die Seerose als Symbol der Keuschheit.

### Tagpfauenauge

*(Inachis io)*

Das Tagpfauenauge ist nicht nur unser bekanntester, sondern auch einer unserer häufigsten Schmetterlinge. Der Falter bewohnt fast alle Lebensräume. Die für die Art charakteristischen blauschwarzen Augenflecke (Name!) auf der Oberseite der rotbraunen Vorder- und Hinterflügel sollen der Verwirrung von Fressfeinden dienen. Der überwinternde Falter tritt fast das ganze Jahr auf, manchmal sogar an milden Wintertagen. Bei uns sind 2 Generationen üblich. Die Eier werden auf Brennnesseln abgelegt. Die schwarzen, fein weiß gepunkteten Raupen tragen schwarze Dornen und leben die meiste Zeit gesellig auf der Oberseite von Brennnesselblättern (vgl. Foto S. 47).

### Türkentaube

*(Streptopelia decaocto)*

Die Heimat der Taube mit dem charakteristischen schwarzen Halsband ist ursprünglich wohl Indien. Türkische Kaufleute sollen sie nach Vorderasien gebracht haben. Als ausgesprochener Kulturfolger ist die Türkentaube nach einem Eroberungszug ohnegleichen seit Mitte des vorigen Jahrhunderts in ganz Europa verbreitet. Sie ist ein typischer Vogel der Städte und Dörfer. Die Türkentaube lebt gesellig und ernährt sich von Früchten und Samen und ist deshalb an günstigen Plätzen wie Getreidesilos oder auf Wochenmärkten oft in Scharen anzutreffen. Das recht einfache Nest wird auf Bäumen, Sträuchern oder Mauervorsprüngen angelegt.

### Grünes Heupferd

*(Tettigonia viridissima)*

Diese mit rund 3 cm Körperlänge größte heimische Heuschrecke gehört zu den Laubheuschrecken. Sie ist durch ihre grasgrüne Farbe, die langen dünnen Fühler und die kräftigen Sprungbeine gekennzeichnet. Die Art ist, sehr gut getarnt, in Büschen, Bäumen und anderer dichter Vegetation zu finden. Sie ernährt sich vorwiegend räuberisch von anderen Insekten, nimmt jedoch auch pflanzliche Kost an. Die Weibchen legen mit ihrer kräftigen, langen Legeröhre rund 100 Eier in den Boden ab. Die Larven schlüpfen dann erst im nächsten Frühjahr und wandeln sich im Juli/August zum erwachsenen Heupferd.

# AUGUST

## Sommerfrüchte

Himbeere *(Rubus idaeus)*
Walderdbeere *(Fragaria vesca)*
Brombeere *(Rubus fruticosus)*
Heidelbeere *(Vaccinium myrtillus)*
Preiselbeere *(Vaccinium vitis-idaea)*
Seidelbast *(Daphne mezereum)*, giftig!
Traubenkirsche *(Prunus padus)*
Felsenbirne *(Amelanchier ovalis)*
Tollkirsche *(Atropa belladonna)*, giftig!

## Falter auf Disteln

Kleiner Fuchs *(Aglais urticae)*
Tagpfauenauge *(Inachis io)*
Distelfalter *(Cynthia cardui)*
Kaisermantel *(Argynnis paphia)*
Zitronenfalter *(Gonepteryx rhamni)*
Großer Kohlweißling *(Pieris brassicae)*
C-Falter *(Polygonia c-album)*
Gewöhnlicher Bläuling *(Polyommatus icarus)*
Schwalbenschwanz *(Papilio machaon)*
Dukatenfalter *(Heodes virgaureae)*

## Schwimmblattpflanzen

Weiße Seerose *(Nymphaea alba)*
Gelbe Teichrose *(Nuphar luteum)*
Seekanne *(Nymphoides peltata)*
Wasserknöterich *(Polygonum amphibium)*
Schwimmendes Laichkraut *(Potamogeton natans)*
Gewöhnlicher Froschbiss *(Hydrocharis morsus-ranae)*
Kleine Wasserlinse *(Lemna minor)*
Krebsschere *(Stratiotes aloides)*
Wassernuss *(Trapa natans)*

## Was blüht jetzt sonst noch?

Echter Baldrian *(Valeriana officinalis)*
Wiesenbärenklau *(Heracleum sphondylum)*
Große Brennnessel *(Urtica dioica)*
Wiesenflockenblume *(Centaurea jacea)*
Jakobsgreiskraut *(Senecio jacobaea)*
Wiesenlabkraut *(Galium mollugo)*
Löwenzahn *(Taraxacum officinale)*
Karthäusernelke *(Dianthus carthusianorum)*
Sonnentau *(Drosera rotundifolia)*
Spitzwegerich *(Plantago lanceolata)*

## Vögel an Strand und Watt

Austernfischer *(Haematopus ostralegus)*
Säbelschnäbler *(Recurvirostra avosetta)*
Silbermöwe *(Larus argentatus)*
Sturmmöwe *(Larus canus)*
Heringsmöwe *(Larus fuscus)*
Küstenseeschwalbe *(Sterna paradisaea)*
Großer Brachvogel *(Numenius arquata)*
Brandgans *(Tadorna tadorna)*

## Welche anderen Vögel sind noch da?

Amsel *(Turdus merula)*
Grünling *(Chloris chloris)*
Rotkehlchen *(Erithacus rubecula)*
Blaumeise *(Parus caeruleus)*
Buchfink *(Fringilla coelebs)*
Gartenrotschwanz *(Phoenicurus phoenicurus)*
Haussperling *(Passer domesticus)*
Neuntöter *(Lanius collurio)*
Singdrossel *(Turdus philomelos)*
Star *(Sturnus vulgaris)*
Graureiher *(Ardea cinerea)*

## Wiesenmusikanten

Grille *(Gryllus campestris)*
Heimchen *(Acheta domestica)*
Grünes Heupferd *(Tettigonia viridissima)*
Grashüpfer *(Stenobothrus lineatus)*
Warzenbeißer *(Decticus verrucivorus)*
Schnarrschrecke *(Psophus stridulus)*
Säbeldornschrecke *(Tetrix subulata)*

### BEOBACHTUNGSTIPPS

- Die Linden duften
- Sommerflieder – Schmetterlingsflieder
- Sommerzeit – Stechmückenzeit
- Wiesenmusikanten
- Schwimmblattpflanzen
- Erntezeit ist Hamsterzeit
- Schneckenliebe
- Disteln und Schmetterlinge
- Sommerfrüchte
- Vögel an Strand und Watt
- Radarjäger am Abend

# Beobachtungstipps

## Die Linden duften

Sommerlinden blühen relativ spät im Jahr – meist zwischen Juli und August. Die Lindenblüten verströmen dann einen derart intensiven Duft, dass sie damit gleich ganze Heerscharen von Honigbienen und anderen Insekten zur Bestäubung anlocken. Manchmal ist das Gesumme der fleißigen Honigsammlerinnen dabei so laut, dass man glauben könnte, der ganze Baum vibriert.
Der betörende Duft der Sommerlinde war es auch, der die berühmte Schriftstellerin Bettina von Arnim veranlasste, ihrem nicht minder berühmten Bruder Clemens Brentano folgende Zeilen zu schreiben: »Die Linden blühen, Clemente, und der Abendwind schüttelt sich in ihren Zweigen. Wer bin ich, dass ihr mir all euren Duft zuweht, ihr Linden? Ach, sagen die Linden, Du gehst so einsam zwischen unseren Stämmen herum und umfasst unsre Stämme, als wenn wir Menschen wären, da sprechen wir dich an mit unserm Duft.« Früher war die Sommerlinde in vielen Regionen Deutschlands der Dorfmittelpunkt. Unter dem Baum, der unter unseren Laubbäumen das höchste Alter erreichen kann, tagten aber auch die Gerichte. Allerdings wurden unter der »Gerichtslinde« keine harten Urteile gefällt. Hier wurden eher leichte Fälle abgehandelt. Der Legende nach soll es auch ab und an der süße Duft der Lindenblüten gewesen sein, der so manchen Richter dazu gebracht hat, ein milderes Urteil zu fällen.

## Sommerflieder – Schmetterlingsflieder

Von Juli bis in den Herbst hinein erfreut uns jetzt der Sommerflieder mit seinen so angenehm nach Honig duftenden, lila Blüten. Der Strauch, der eine Höhe von bis zu 5 Metern erreichen kann und erst Anfang des letzten Jahrhunderts aus China und Tibet nach Mitteleuropa eingeführt wurde, ist auf

Das Nektarangebot des Sommerflieders wird gern von Schmetterlingen wahrgenommen – hier Kleiner Fuchs.

Grund seines reichhaltigen Nektarangebots geradezu ein Magnet für Bienen und Hummeln und vor allem Schmetterlinge. Kein Wunder also, dass die Pflanze oft auch als »Schmetterlingsflieder« bezeichnet wird. Allerdings hat der Sommerflieder – obwohl immer wieder vermutet – keinen positiven Einfluss auf die Bestandsentwicklung bzw. Artenvielfalt von Schmetterlingen, da er keine Rolle als Nahrungspflanze für die heimischen Schmetterlingslarven spielt. Zudem fällt das üppige Nektarangebot des Sommerflieders in eine Zeit, in der sowieso ein reichliches Nahrungsangebot für Schmetterlinge herrscht. Da eine Anpflanzung im Garten aber unweigerlich dafür sorgt, dass zahlreiche Schmetterlinge aus der näheren Umgebung angelockt werden und so relativ einfach aus nächster Nähe beobachtet werden können, ist der Sommerflieder als »lebendes Naturerlebnis« besonders für den Kinder- oder Schulgarten geeignet.

## Sommerzeit – Stechmückenzeit

Der Sommer ist auch immer die Jahreszeit, in der wir in vielen Teilen unseres Landes von Stechmücken gepiesackt werden. Die geflügelten Plagegeister verpassen ihren bemitleidenswerten Opfern nämlich nicht nur höllisch juckende Stiche, die hässliche rote Quaddeln hinterlassen, sondern bringen sie auch noch mit ihrem nervtötenden Summen um den wohlverdienten Schlaf.
Das Summen erfüllt übrigens bei den fliegenden Blutsaugern einen überaus wichtigen Zweck. Es dient nämlich der Geschlechterfindung – Männchen summen nämlich in einer deutlich höheren Frequenz als Weibchen. Während die Männchen mit einer Frequenz von rund 600 Hertz summen, bringen es die Weibchen auf lediglich 550 Hertz und erzeugen daher ein tieferes Geräusch.
Glücklicherweise stechen nicht alle Mücken, sondern »nur« die Weibchen, die nach der Befruchtung durch die Männchen eine Blutmahlzeit als eiweißhaltige Nahrungsquelle für die Eierproduktion benötigen. Die Männchen dieser bei uns Menschen so wenig geliebten Insektenfamilie ernähren sich dagegen rein vegetarisch und stillen ihren Energiebedarf mit süßen Pflanzensäften.
Übrigens kann man auch im Sommer das Licht im Schlafzimmer ruhig anlassen, denn es ist ein weit verbreitetes Märchen, dass helles Licht Stechmücken anlockt. Es ist die Schweißzusammensetzung unserer Haut sowie das ausgeatmete Kohlendioxid, das die geflügelten Minivampire geradezu magisch anzieht. Auch die Behauptung, Frauen würden häufiger gestochen als Männer, ist ein sich hartnäckig haltender Irrglaube. Frauen empfinden die Stiche der fliegenden Blutsauger einfach nur wesentlich intensiver als die Herren der Schöpfung, da sie eine dünnere Haut haben.

## Wiesenmusikanten

Im August werden die Gesänge von Heuschrecken und Grillen auf den Wiesen unüberhörbar. Es gibt zwei Gruppen von Wiesenmusikanten: Laubheuschrecken (z. B. das Grüne Heupferd) und Grillen zirpen, indem sie ihre Vorderflügel aneinander reiben. Kurzfühler- oder Feldheuschrecken (z. B. der

Während der Fortpflanzungszeit locken die Männchen der Feldgrille die Weibchen mit artspezifischen Zirplauten an.

Gewöhnliche Grashüpfer) dagegen erzeugen ihre Musik durch ein Streichen der Beine über die Flügel. Dabei wird eine Schrillkante an der Innenseite der Hinterschenkel über eine Schrillader auf dem Vorderflügel bewegt. Laubheuschrecken und Grillen hören übrigens mit den Beinen. Ihre »Ohren«, die aus einer dem Trommelfell ähnlichen Membran bestehen, sitzen knapp unter dem Kniegelenk. Bei den Feldheuschrecken befinden sich diese Hörorgane dagegen am Hinterleib. Fast immer musizieren die Männchen, um Weibchen anzulocken und Rivalen zu vertreiben.

### Schwimmblattpflanzen

In Teichen, Tümpeln, Gräben und anderen stehenden oder sehr langsam fließenden Gewässern findet man jetzt zahlreiche Schwimmblattpflanzen, von denen die meisten Arten auch zu dieser Jahreszeit blühen. Diese Pflanzen, deren Blätter auf dem Wasser liegen, kommen frei schwebend, wie die unscheinbare Wasserlinse, oder aber wurzelnd wie die prächtig blühende Seerose vor. Ihre Assimilation findet ganz oder zumindest teilweise an der Oberfläche statt, wo sie auch blühen. In der Regel überwintern sie im oder am Gewässerboden. Manche Arten können ein kurzes Trockenfallen ihrer Gewässer durch die Ausbildung von Landformen überbrücken. Leitpflanzen der Schwimmblattzone sind See- und Teichrosen. Weitere häufige Arten sind Seekanne, Wasserknöterich, Schwimmendes Laichkraut und Froschbiss.

Schwimmblattpflanzen fühlen sich in der Tiefenwasserzone eines Gewässers am wohlsten – hier der Wasserknöterich.

### Disteln und Schmetterlinge

Egal, um welche der zahlreichen heimischen Arten es sich handelt, Schmetterlinge lieben Disteln und Disteln sind auf Schmetterlinge angewiesen. Typisch für diese stachligen Pflanzen sind die aus dichten Körbchen bestehenden rotvioletten Blütenstände, deren Einzelblüten so eng sind, dass nur die Schmetterlinge mit ihren langen Saugrüsseln an den am Blütengrund abgesonderten Nektar gelangen können. Dazu sind die meisten anderen Insektenarten nicht in der Lage und fallen damit auch als Bestäuber der Disteln aus. Neben dem Distelfalter, dessen Raupen auch an Disteln leben, kann man im Sommer noch etliche weitere bekannte Tagfalterarten bei der Nahrungssuche auf den Distelblüten beobachten. Diese Schmetterlingsarten sind aber nicht allein auf Disteln fixiert, sondern besuchen auch viele andere im Sommer blühende Blumen der heimischen Wiesen, Parks und Gärten.

### Schneckenliebe

Im Juli/August legen die Weinbergschnecken ihre kleinen, runden weißen Eier in den feuchten Boden. Unsere größten Gehäuseschnecken, die nicht nur in Weinbergen, sondern auch in vielen anderen

Der Kaisermantel ist einer der größten Perlmutterfalter Europas. Man kann ihn oft auf Distelblüten beobachten.

Gute Dienste leisten dem Feldhamster beim Sammeln seiner Wintervorräte natürlich seine geräumigen Backentaschen.

Landschaftsräumen vorkommen, sind Zwitter, die zur Fortpflanzung aber einen Partner brauchen. Bei feuchter Witterung und mit viel Geduld kann man ihr stundenlanges Liebesspiel beobachten, wobei sich die Partner vor der eigentlichen Kopulation einen sogenannten Liebespfeil gegenseitig in die Fußsohle stoßen. Nach der Paarung legen die Weinbergschnecken aus der am Kopf liegenden (!) Geschlechtsöffnung rund 50 Eier in eine selbst gegrabene kleine Erdhöhle ab. Etwa 4 Wochen später schlüpfen die kleinen »Mini-Schnecken«. Die Geschlechtsreife erlangen die Weinbergschnecken erst nach 3–4 Jahren. Im Winter graben sich Weinbergschnecken ein und verschließen ihr Gehäuse mit einem Kalkdeckel.

Beim Liebesspiel vor der eigentlichen Kopulation stoßen sich Weinbergschnecken gegenseitig einen »Liebespfeil« in die Fußsohle.

## Erntezeit ist Hamsterzeit

Die Erntezeit bietet eine gute Möglichkeit, den scheuen Feldhamster zu beobachten. Der dämmerungs- und nachtaktive Einzelgänger, der sonst nur am Abend zu sehen ist, ist zur Erntezeit wenig scheu und auch tagsüber bei bewährten Sammelplätzen zu sehen. Offenkundiger Hinweis auf ein Hamstervorkommen sind reichlich abgebissene Getreidehalme und leere Ähren. Bereits Ende August beginnt der Feldhamster seinen Winterschlaf. Er schläft jedoch nicht den gesamten Winter

Die beliebten blauschwarzen Heidelbeeren sind von Ende Juli bis Anfang September reif und werden gern gesammelt.

durch, sondern erwacht anfangs täglich, um von den Vorräten zu fressen, die er in seinem unterirdischen Bau gelagert hat. Ein Hamster benötigt zwischen 2 und 4 kg Vorrat, um den Winter zu überleben und verliert bis zum Frühjahr dennoch ein Drittel seines Gewichtes. Ende März verlässt der Feldhamster wieder seinen Winterbau. Kurz darauf beginnt dann die Paarungszeit. Der Feldhamster gehört bei uns zu den geschützten Tierarten, denn er ist – bedingt durch die industrielle Feldbewirtschaftung – in weiten Teilen Deutschlands vom Aussterben bedroht. Inzwischen gibt es sogar Programme zur Züchtung und Auswilderung von Feldhamstern.

## Sommerfrüchte

Im Wald erreicht jetzt die Reifezeit der Sommerfrüchte ihren Höhepunkt. Mit ihren leuchtenden Farben ziehen sie zahlreiche Vogelarten an, die durch ihre bewegliche Lebensweise für eine Verbreitung der Samen sorgen. Viele Sommerfrüchte des Waldes sind aber auch für den Menschen höchst attraktiv: So findet man in der Krautzone neben der aromatischen Walderdbeere, der »Urform« unserer Gartenerdbeeren, auch die wohlschmeckenden Früchte der Preiselbeere und der Heidelbeere. An Waldrändern kann man jetzt die reifen Sammelfrüchte von Brombeere und Himbeere pflücken, die nicht nur reich an Vitamin C sind, sondern auch ausgesprochen gut schmecken. Aber einige Früchte wie die schwarzen Beeren der Tollkirsche oder die roten Beeren des Seidelbastes sind auch für den Menschen ungenießbar oder wie die erwähnten Beispiele sogar giftig. Deshalb sollte man grundsätzlich nur Beeren sammeln, die man genau kennt.

## Vögel an Strand und Watt

Wer seinen Sommerurlaub an Nord- oder Ostsee verbringt, sollte die Gelegenheit nutzen, die Vogelwelt von Watt und Strand etwas genauer unter die Lupe zu nehmen. Das Watt, das im Wechsel der Gezeiten regelmäßig überflutet wird und wieder trockenfällt, ist durch eine unvorstellbar hohe Dichte an Lebewesen ausgezeichnet, die in oder auf seinem Boden leben. Diese reiche Wattfauna ist wiederum Nahrungsgrundlage für viele Wattvögel: Möwen, Seeschwalben, Enten und andere Vögel. Das ökologisch hochsensible Wattenmeer ist aber auch eine Drehscheibe des ostatlantischen Vogelzuges. So können Millionen von Zugvögeln ihre Flüge von oft Tausenden von Kilometern zwischen Brutplätzen und Überwinterungsgebieten nur überstehen, weil sie im zentral auf der Zuglinie gelegenen Wattenmeer mit seinem reichlichen Nahrungsangebot ihre Fettreserven auffüllen können.

Im Watt lassen sich nicht nur die typischen Meeresvögel beobachten, auch viele Zugvögel legen hier eine Pause ein.

## Zug der Störche

Im August geht der Storchensommer zu Ende. Die jungen Weißstörche sind jetzt flügge geworden und verlassen den Horst. Sie sammeln sich in größer werdenden Gruppen und ziehen in ihre Winterquartiere, die Savannen Afrikas. Da ihnen die Zugrichtung angeboren ist, benötigen sie keine Führung durch die Alttiere, die etwa 1 Woche nach ihnen aufbrechen. Störche ziehen auf 2 Routen. Eine sogenannte Zugscheide, die mitten durch Deutschland läuft, trennt ostwärts und westwärts ziehende Störche. Die »Weststörche« ziehen über die Iberische Halbinsel und Marokko nach Zentralafrika, während die Reiseroute der »Oststörche« über den Balkan und den Nahen Osten nach Ost-, Zentral- und Südafrika führt. Für ihren Flug in großer Höhe nutzen die Störche warme Aufwinde und legen im Segelflug dabei täglich 150–300 km zurück.

## Radarjäger am Abend

Im Hochsommer kann man mit Einbruch der Dämmerung sogar in der Stadt Fledermäuse bei der Jagd beobachten, denn durch die zahlreichen Lampen und Beleuchtungen werden Unmengen von Insekten angelockt, die die ausschließliche Nahrung aller 30 in Europa beheimateten Fledermausarten darstellen. Die nacht- und dämmerungsaktiven Tiere erbeuten die Nachtfalter, Käfer und Mücken in einem rasanten Jagdflug. Im Laufe eines Sommers kann eine Fledermaus bis zu 1 kg Insekten verzehren! Fledermäuse »sehen« mit den Ohren: Sie stoßen laute Schreie im Ultraschallbereich aus und erkennen an den zurückgeworfenen Echos jedes Hindernis und jedes noch so kleine Beutetier. Ihr Echo-Ortungssystem ist so leistungsfähig, dass Fledermäuse sogar Drähte mit einem Durchmesser von weniger als 0,1 mm wahrnehmen. Den Tag verbringen die Fledermäuse schlafend in verschiedenen Sommerquartieren wie Baumhöhlen oder auch Dachböden.

Die Große Hufeisennase geht vorzugsweise entlang von Flüssen und Bächen auf Insektenjagd.

# Herbst

# SEPTEMBER

Fallen die reifen Früchte der **Rosskastanie**, ist es Frühherbst. Die Vorbereitungen auf den Winter beginnen jetzt schon in der Natur. Die erste Laubfärbung hat eingesetzt – die Blätter werden bunt. In der Hecke finden sich die Herbstfrüchte. An feucht-warmen Herbsttagen schieben sich in kurzer Zeit Pilzhüte aus dem Wald- und Wiesenboden. Viele Tiere fangen an, sich Winterspeck anzufressen oder ein Vorratslager für den Winter anzulegen. **Eidechsen** und **Ringelnatter** ziehen sich zur Winterruhe zurück. **Marienkäfer** und **Florfliegen** suchen ihr Winterquartier gerne in menschlichen Behausungen. Auch der Rückzug der **Kraniche** in südliche Gefilde hat begonnen. Die **Spinnen** sorgen für den Altweibersommer.

# Charakterarten

## Steinpilz

*(Botulus edulis)*

Der bekannte Pilz ist durch den dicken, keulenförmigen, netzartig gezeichneten Stiel und seinen ausladenden braunen Hut gekennzeichnet. Er gehört zu den so genannten Röhrenpilzen. Der Steinpilz kommt zwischen Juli und Oktober meist im Nadelwald, aber auch unter Buchen und auf Waldwiesen vor. Aufgrund seines hervorragenden, milden, nussartigen Geschmacks ist der Steinpilz einer unser beliebtesten Speisepilze. Pilzkenner unterscheiden bei uns 7 Steinpilzarten, die auch in Standortwahl und Jahreszeit verschieden sind. Junge Steinpilze können leicht mit dem bitter schmeckenden Gallenröhrling verwechselt werden.

## Rosskastanie

*(Aesculus hippocastanum)*

Dieser Ende des 16. Jahrhunderts vom Balkan nach Mitteleuropa eingebürgerte Zierbaum wird bis zu 25 m hoch und bis zu 200 Jahre alt. Die weißen oder violetten Blüten zeigen sich im Mai/Juni in aufrecht stehenden Rispen, den so genannten Kerzen. Die Früchte reifen im September/Oktober: Die stacheligen Kapselfrüchte platzen auf und entlassen die mahagonifarbenen Kastanien. Die Rosskastanie wird oft in Parks und Alleen angepflanzt. In der Forstwirtschaft spielt sie aufgrund ihres drehwüchsigen, wenig dauerhaften Holzes keine Rolle. Die Kastanien dienen vielen Waldtieren als Futter.

## Wolliger Schneeball

*(Viburnum lantana)*

Der Wollige Schneeball besiedelt Waldränder, Lichtungen und sonnige Laubwälder. Wegen seiner Größe von bis zu 4 m, seiner dichten Verzweigung und seinen großen filzigen Blättern wird dieser Großstrauch gerne als Sichtschutz in Hecken angepflanzt. Die weißen Blüten erscheinen im Mai in Trugdolden von rund 10 cm Durchmesser. Im Juli färben sich die Früchte rot und im September schwarz. Eine Zeit lang können sogar beide Farben an den auffallenden Fruchtständen beobachtet werden. Die Beeren sind eine beliebte Nahrungsquelle bei Vögeln und Kleinsäugern.

## Rauchschwalbe

*(Hirundo rustica)*

Der schlanke Vogel ist durch seine auffallend langen Schwanzspieße sowie die rotbraune Stirn und Kehle gekennzeichnet. Der Kulturfolger bevorzugt offene Landschaften, möglichst in Gewässernähe. Rauchschwalben nisten meist im Inneren von Ställen, Scheunen und anderen Gebäuden mit Einfluglöchern. Das Brüten in Schornsteinen und Kaminen soll dem Vogel, der sowohl als Frühlingsbote als auch als Glücksbringer gilt, den Namen eingebracht haben. Der gewandte und schnelle Flieger ernährt sich von Fluginsekten. Das napfförmige Lehmnest wird an die Wandoberkante geklebt. Im September verlassen uns diese Langstreckenzieher und überwintern in Afrika.

## Kranich

*(Grus grus)*

Dieser größte europäische Vogel erreicht eine Höhe von bis zu 1,30 m und eine Spannweite von bis zu 2,30 m. Kennzeichnend sind die schwarze Stirn, die weißen Kopfseiten und der rote Scheitel. Der Kranich liebt Sumpflandschaften und lichte Bruchwälder in Sumpfgebieten. Er ernährt sich von Wirbellosen, Kleinsäugern und Nestlingen anderer Vögel, aber auch von pflanzlicher Nahrung. Im Herbst treffen sich die Kraniche an bestimmten Sammelplätzen, um gemeinsam zur Überwinterung nach Spanien, Portugal und Nordafrika zu fliegen. Die Rückkehr erfolgt im Frühjahr; dann sind auch ihre spektakulären Balztänze in den Brutgebieten zu beobachten.

## Kreuzspinne

*(Araneus diadematus)*

Diese Spinne verdankt dem typischen weißen Kreuzzeichen auf ihrem Rücken ihren Namen. Die zu den Radnetzspinnen zählende Art baut ihr oft über 30 cm großes, kreisrundes Netz an Gebäuden, Zäunen und Sträuchern. Meist findet man die Kreuzspinne in der Mitte ihres Netzes sitzen, das sie nur selten verlässt. Mit ihren Spinndrüsen kann sie Spinnfäden verschiedenster Art produzieren. Der Netzbau folgt immer dem gleichen Muster: Zunächst wird der Rahmen gespannt, dann werden die Speichen und schließlich die Spiralen aus klebrigen Fangfäden gebildet. Verfängt sich ein Beutetier im Netz, lähmt die Spinne es zunächst durch einen Biss, um es später auszusaugen.

# SEPTEMBER

## Was blüht jetzt?

Frauenmantel *(Alchemilla vulgaris)*
Rundblättrige Glockenblume *(Campanula rotundifolia)*
Herbstzeitlose *(Colchicum autumnale)*
Hornklee *(Lotus corniculatus)*
Wilde Möhre *(Daucus carota)*
Schafgarbe *(Achillea millefolium)*
Weiße Seerose *(Nymphaea alba)*
Indisches Springkraut *(Impatiens glandulifera)*
Gewöhnlicher Thymian *(Thymus pulegioides)*
Ackerwinde *(Convolvulus arvensis)*

## Flugfrüchte

Spitzahorn *(Acer platanoides)*
Feldahorn *(Acer campestre)*
Hainbuche *(Carpinus betulus)*
Sommerlinde *(Tilia platyphyllos)*
Feldulme *(Ulmus minor)*

## Herbstfrüchte in der Hecke

Eingriffeliger Weißdorn *(Crataegus monogyna)*
Schlehe *(Prunus spinosa)*
Berberitze *(Berberis vulgaris)*
Hartriegel *(Cornus sanguinea)*
Wolliger Schneeball *(Viburnum lantana)*
Heckenrose *(Rosa canina)*
Eberesche *(Sorbus aucuparia)*
Liguster *(Ligustrum vulgare)*
Pfaffenhütchen *(Euonymus europaeus)*
Schwarzer Holunder *(Sambucus nigra)*

## Welche Vögel sind jetzt da?

Amsel *(Turdus merula)*
Grünling *(Chloris chloris)*
Rotkehlchen *(Erithacus rubecula)*
Blaumeise *(Parus caeruleus)*
Buchfink *(Fringilla coelebs)*
Rauchschwalbe *(Hirundo rustica)*
Türkentaube *(Streptopelia decaocto)*
Turmfalke *(Falco tinnunculus)*
Star *(Sturnus vulgaris)*
Graureiher *(Ardea cinerea)*

## Speisepilze

Fichtensteinpilz *(Boletus edulis)*
Pfifferling *(Cantharellus cibarius)*
Maronenröhrling *(Xerocomus badius)*
Parasol *(Macrolepiota procera)*
Butterröhrling *(Suillus luteus)*
Wiesenchampignon *(Agaricus campestris)*
Krause Glucke *(Sparassis crispa)*
Goldröhrling *(Suillus grevillei)*
Speisetäubling *(Russula vesca)*

## Giftpilze

Grüner Knollenblätterpilz *(Amanita phalloides)*
Fliegenpilz *(Amanita muscaria)*
Pantherpilz *(Amanita pantherina)*
Dickschaliger Kartoffelbovist *(Scleroderma citrinum)*
Weißer Knollenblätterpilz *(Amanita phalloides* var. *verna)*

## Vorratssammler

Feldhamster *(Cricetus cricetus)*
Haselmaus *(Muscardinus avellanarius)*
Eichhörnchen *(Sciurus vulgaris)*
Waldmaus *(Apodemus sylvaticus)*
Eichelhäher *(Garrulus glandarius)*
Buntspecht *(Picoides major)*

### BEOBACHTUNGSTIPPS

- Das »Rütteln« der Turmfalken
- Kastanienzeit
- Asiatische Marienkäfer suchen Überwinterungsplätze
- Blütezeit der Beifuß-Ambrosie
- Laubfärbung und Laubfall
- Herbstfrüchte in der Hecke
- Vorratssammler
- Abzug der Schwalben
- Flugfrüchte
- Speisepilze bereichern die Küche
- Fegen beim Rothirsch

# Beobachtungstipps

## Das »Rütteln« der Turmfalken

Jetzt kann man über unseren Wiesen und Feldern die Turmfalken bei ihrem charakteristischen Rüttelflug beobachten. Dabei »stehen« die kleinen Greifvögel, mit den Flügeln schlagend regelrecht in der Luft und warten auf Beute. Allerdings ist diese Jagdmethode äußerst energieaufwendig, so dass Falken nur in Gebieten »rütteln«, in denen sie sich dank eines reichhaltigen Beutevorkommens ihres Jagderfolges auch sicher sein können. Das Beutespektrum des Turmfalken besteht zu 70–90 % aus Feld- und Wühlmäusen. Wühlmäuse markieren ihre Territorien bzw. ihre Laufwege ständig mit Kot und Urin. Eine Eigenheit, die den kleinen Nagern jedoch leicht zum Verhängnis werden kann, denn im Gegensatz zu uns Menschen haben Falken und auch andere Vögel die Fähigkeit UV-Licht sehen zu können. Frischer Mäuseurin aber reflektiert das UV-Licht in besonderer Weise. Durch diese Eigenschaft kann der Turmfalke sehen, wo eine Maus vor kurzem eine Marke gesetzt hat. Die Mäuse machen die Falken also unwissentlich mit regelrechten Leuchtspuren auf sich aufmerksam und die Greifvögel können mit einem kurzen Blick abschätzen, an welchen Stellen es sich für sie auszahlt zu »rütteln« und an welchen nicht.
Der Turmfalke muss, um zu überleben täglich zwei Mäuse schlagen. Gibt es wenige Mäuse, setzen die Falken ein Jahr mit der Brut aus oder ziehen anstatt drei bis sechs nur noch ein bis zwei Junge groß.

## Kastanienzeit

Ende September, spätestens Anfang Oktober, werden die Früchte der Edelkastanien reif. Sie wachsen anfangs in einer geschlossenen, lederartigen, dicht mit langen Stacheln besetzten Fruchtschale. Sobald die Früchte reif sind, springen die Fruchtschalen, die jeweils 2–3 runde, an einer Seite etwas abgeflachte Früchte enthalten, unregelmäßig auf und fallen zu Boden.
Kastanienfrüchte haben eine breite Verwendungspalette. Bei uns werden sie hauptsächlich als Füllung oder Beilage für Geflügel und herbstliche Fleischgerichte verwendet. Ursprünglich stammt die Edelkastanie aus Kleinasien, wurde aber vor allem durch die Römer im gesamten Römischen Reich bis nach Britannien verbreitet. Allerdings benötigen die Bäume ein gewisses Maß an Wärme. In Deutschland wachsen Edelkastanien daher vor allem in der Pfalz, an Nahe, Saar und Mosel, in der Oberrheinischen Tiefebene, im Odenwald, am Unter-Main und im Taunus sowie in geschützten Lagen in Norddeutschland.
Übrigens: Botanisch gesehen gehört die Edelkastanie zu den Buchengewächsen und ist daher nicht, wie irrtümlich häufig angenommen wird, mit der Rosskastanie, die zu den Seifenbaumgewächsen gezählt wird, verwandt. Der gleiche Name beruht lediglich auf der oberflächlichen Ähnlichkeit der Früchte (brauner Kern in stacheliger Hülle).

## Asiatische Marienkäfer suchen Überwinterungsplätze

Im Herbst sammeln sich die Asiatischen Marienkäfer vielerorts zu vielen Tausenden an den Süd- bzw. Südwest-Wänden heller Gebäude (Wissenschaftler bezeichnen dieses Phänomen einer herbstlichen Massenansammlung als »Überwinterungsaggregation«), um sich dann eine geschützte, frostfreie Stelle zum Überwintern im oder am Haus zu suchen wie z. B. in Tür- oder Fensterritzen.
Wie ja bereits sein Name verrät, war der asiatische Marienkäfer ursprünglich nur in China und Japan zu Hause. Er wurde aber Anfang der 1980er-Jahre nach Europa importiert, um dort, gewissermaßen

Nicht selten bei Marienkäfern: Auch der zugewanderte Asiatische zeichnet sich durch große Farbenvielfalt aus.

als ökologische Alternative zum Einsatz chemischer Insektizide, kräftig schädliche Blattläuse zu vertilgen. In ihrer neuen Heimat vermehrten sich die Käfer dank hoher Fortpflanzungsraten schnell und gehören daher heute vielerorts zu unseren häufigsten Marienkäferarten. Offensichtlich suchen sich die geflügelten Asia-Importe deshalb bevorzugt helle Hauswände aus, weil diese hellen reflektierenden Flächen für sie auch aus großer Distanz wahrnehmbar sind. In ihrer asiatischen Heimat suchen sich die Käfer zum Überwintern sonnenbeschienene Felswände aus weißem bis ockerfarbigem Stein aus, in deren Spalten sie sich dann verkriechen. Während ihrer Winterruhe fressen die Käfer übrigens nicht, sondern zehren von ihrem Körperfett.

## Blütezeit der Beifuß-Ambrosie

Zu dieser Jahreszeit macht uns jetzt vermehrt auch eine eigentlich recht unscheinbare Pflanze zu schaffen, die vor rund 150 Jahren von Nordamerika – meist als unbeabsichtigte Beimischung in der Ladung von Getreideschiffen – nach Europa eingeschleppt wurde und sich hier in den letzten Jahren dank globaler Erwärmung und wachsendem Warenverkehr rasant ausgebreitet hat: Die Beifuß-Ambrosie.

Diese Pflanze mit den charakteristisch beiderseits grünen Blättern und den behaarten Stängeln ist nämlich ein wahrer Albtraum für Allergiker. Ambrosienpollen sind die stärksten Allergieauslöser, die man aus dem Pflanzenreich kennt. Bereits ein Dutzend Pollen pro Kubikmeter Luft reichen aus, um Reaktionen wie tränende und juckende Augen, Heuschnupfen, Kopfschmerzen, Lichtempfindlichkeit und Atemnot auszulösen.

Die Pollen der Beifuß-Ambrosie zählen zu den stärksten Allergenen, die man kennt.

Zu allem Unglück blüht die Beifuß-Ambrosie auch noch relativ spät im Jahr. In Deutschland konnten Pollenallergiker bisher im August im wahrsten Sinne des Wortes aufatmen, da zu dieser Jahreszeit die meisten heimischen allergieauslösenden Pflanzen bereits ihre Blüte hinter sich haben. Die Pollen der Beifuß-Ambrosie – die bis weit in den Oktober hinein blüht – sorgen dafür, dass die Leidenszeit der von Allergien geplagten Menschen deutlich verlängert wird. Mittlerweile haben die zuständigen Behörden der pflanzlichen Superallergieauslöserin ganz massiv den Kampf angesagt. So hat zum Beispiel Bayern 2007 eine landesweite Bekämpfungsmaßnahme durchgeführt, bei der rund eine Million Einzelpflanzen entfernt wurden.

## Laubfärbung und Laubfall

Die Blätter werden jetzt bunt. Blattfärbung und Laubfall sind Anpassungen der Laubbäume an die kalte Jahreszeit, die im Herbst beginnt. Nachtfröste könnten z. B. dazu führen, dass das Wasser in den Blättern gefriert, was den Kältetod zur Folge hätte. Bei gefrorenem Boden steht dem Baum kein Wasser mehr zur Verfügung. Ein Weitertransport über die Leitungsbahnen zum Blatt hin wäre nicht mehr möglich. Gleichzeitig würde ein Wasser verbrauchender Fotosyntheseprozess in den Blättern ablaufen und dadurch einen Dürreschaden hervorrufen. Der Laubfall ist also notwendig, um das Überleben der Bäume während der kalten Jahreszeit zu sichern. Vor dem Blattfall müssen jedoch noch wichtige Nährstoffe in die überwinternde Sprossachse eingelagert werden. Dazu bauen die Bäume den grünen Farbstoff ihrer Blätter ab und transportieren die wertvollen Abbauprodukte über die Leitungsbahnen zu Stamm und Wurzeln, wo sie in Form von Reservestoffen eingelagert werden. Die im Blatt vorhandenen gelben Farbstoffe, die bisher vom Grün überdeckt wurden, bleiben zurück und geben ihm jetzt die charakteristische Färbung. Die Rotfärbung kommt dadurch zustande, dass sich der Zellsaft der Blätter durch Anthocyane färbt. Durch das Ausbilden einer speziellen Trennschicht am Grund des Blattstieles wird schließlich der Abwurf der mittlerweile bräunlich gefärbten Blätter ermöglicht.

Im September erhalten die Blätter ihre charakteristische Herbstfärbung. Es dominieren jetzt die Farben Gelb und Rot.

## Herbstfrüchte in der Hecke

Im September leuchten die Hecken, denn viele Sträucher und Kleinbäume tragen jetzt Früchte. Die Farben der meist beerenartigen Früchte sind mit wenigen Ausnahmen Rotorange oder Schwarzblau. Für Vögel sind die Herbstfrüchte der Hecken deshalb so bedeutsam, weil sie Weichfutterfressern wie Drossel, Rotkehlchen oder Zaunkönig und anderen im Winter Nahrung bieten. Die Vögel wiederum sorgen für die Verbreitung der in den nahrhaften Beeren versteckten Samen. Das Fruchtfleisch vieler Beeren enthält keimhemmende Sub-

Seinen Namen erhielt das Pfaffenhütchen wegen der Ähnlichkeit seiner Frucht mit der Kopfbedeckung eines katholischen Geistlichen.

stanzen, sodass die Vogelverdauung auch einen großen Einfluss auf die Keimfähigkeit der Samen hat, da erst durch sie der Samen vom Fruchtfleisch getrennt wird.

## Vorratssammler

Bereits Ende September kann man beobachten, dass sich die Waldtiere langsam auf den Winter vorbereiten, denn jetzt ist die Zeit gekommen, sich entweder wie z. B. Wildschwein oder Dachs ein dickes Fettpolster anzufressen oder eine gefüllte Vorratskammer zuzulegen, wie dies Eichhörnchen und Eichelhäher tun. Das Eichhörnchen z. B. sammelt besonders Samen aller Art, aber auch Pilze, die teilweise vergraben, aber auch in Baumhöhlen versteckt oder in Astgabeln festgeklemmt werden. Nüsse oder Eicheln werden bevorzugt so abgelegt, dass sie die Wurzeln oder den Stamm eines Baumes berühren. Wissenschaftler haben herausgefunden, dass sich Eichhörnchen ihre Verstecke nicht merken, sondern durch Absuchen geeigneter Stellen wieder fündig werden. Hierbei spielt offensichtlich der Geruchssinn eine wichtige Rolle; so können Eichhörnchen z. B. im Boden liegende Haselnusskerne aus 30 cm Entfernung riechen.

## Abzug der Schwalben

Nur nach dem Volksmund machen sich die Schwalben genau am 8. September auf die Reise in ihre Überwinterungsgebiete (»Mariä Geburt

Vor ihrer Abreise in den Süden sammeln sich die Mehlschwalben in großen Schwärmen auf Leitungsdrähten.

Die Früchte des Bergahorns, die mit dem Wind verbreitet werden, gehören zum Flugtyp »Propellerflieger«.

fliegen die Schwalben furt«), aus denen sie dann genau am 25. März (Mariä Verkündigung) zurückkommen sollen. Deshalb war die Schwalbe auch lange Zeit als »Muttergottesvogel« bekannt. Tatsächlich machen sich die ersten Mehlschwalben jedoch schon Mitte August auf den Weg in den Süden, während andere noch bis Oktober ihre dritte Brut für den langen Weg aufpäppeln. Ab Mitte September folgen dann auch die Rauchschwalben. Vor dem Abflug ins Winterquartier sammeln sich die Mehlschwalben in großen Schwärmen auf Leitungsdrähten. Auch bei den Rauchschwalben kann man schon Tage vorher beobachten, wie sie sich zusammenrotten und sich an Massenschlafplätzen, die sich oft im Schilf befinden, versammeln. Die Überwinterungsgebiete beider Arten erstrecken sich von Mittelafrika bis hin zur Kapregion.

## Flugfrüchte

Die Verbreitung der Samen ist für das Überleben einer Pflanzenart von großer Bedeutung, gerade auch, wenn neue Standorte erobert werden müssen, weil sich die Bedingungen im alten Lebensraum verschlechtert haben. Eine gute Möglichkeit für die Samen große Strecken zu überwinden ist die Ausbildung von Flugfrüchten. Flugfrüchte sind Früchte, die durch den Wind verbreitet werden. Nach der Art des Fluges unterscheidet man Gleitflieger (z. B. Ulmensamen), Fallschirmflieger (z. B. Löwenzahn) und Propellerflieger (z. B. Ahornarten). Die Besonderheit der Propellerflieger ist die Drehung der Samen, die durch den höheren Luftwiderstand die Abwärtsbewegung wesentlich verlangsamt. Der Samen kann dadurch besser vom Herbstwind verblasen werden und so eine weitere Verbreitung erreichen. Ahornsamen können bis zu 100 m weit fliegen.

## Speisepilze bereichern die Küche

Der Herbst ist die Zeit der Pilzsucher, denn dies ist die Jahreszeit, in der die meisten Großpilze vorkommen. Jetzt sind in Mitteleuropa die Werte von

Champignons gehören zu den beliebtesten Speisepilzen. Beim Selbstsammeln auf Verwechslungen mit den giftigen Knollenblätterpilzen achten!

Temperatur und Feuchtigkeit für das Pilzwachstum am besten. Die von Pilzen besiedelten Standorte sind äußerst vielfältig. So hat z.B. jeder Waldtyp seine ganz charakteristische Pilzflora, die von den auftretenden Baumarten, dem pH-Wert und der Beschaffenheit des Bodens abhängig ist.
Pilze stehen schon seit Jahrtausenden auf dem Speiseplan des Menschen. Die Kriterien für den Wert eines guten Speisepilzes sind seine relative Häufigkeit, seine gute Erkennbarkeit und Abgrenzung gegenüber giftigen »Doppelgängern«, seine gute Verdaulichkeit und nicht zuletzt sein angenehmer Geschmack. Arten, die sich nach dem Sammeln noch relativ lange frisch halten, sind als »Marktpilze« begehrt. Dazu gehören neben den besonders schmackhaften Steinpilzen auch Champignons, Pfifferlinge und Maronenröhrlinge.

## Fegen beim Rothirsch

Das Geweih des Rothirsches, das bis zu 15 kg schwer werden kann, entwickelt sich aus den so genannten »Rosenstöcken« – paarigen Knochenzapfen auf der Stirn. Das wachsende Geweih ist vom Bast, einer samtartig behaarten, stark durchbluteten und sehr empfindlichen Haut umgeben. Der Bast hat die Aufgabe, das wachsende Geweih zu schützen und zu ernähren. Nach dem Wachstumsende wird die Blutzufuhr unterbrochen und der Bast trocknet aus. Im September (bei älteren Hirschen bereits im Juli) lässt sich dann das sogenannte »Fegen« beobachten: Der Hirsch entledigt sich des trockenen Bastes durch Reiben und Schlagen an Bäumen und Büschen, bis die knöcherne Geweihstange kahl und das Hirsch-»Statussymbol« somit rechtzeitig zur Brunftzeit fertig ist. Von Jahr zu Jahr nimmt das Gewicht und die Endenzahl des Geweihs zu. Ein kapitaler Hirsch erreicht den Höhepunkt seiner Geweihentwicklung zwischen dem 10. und dem 12. Lebensjahr.

Nur die männlichen Hirsche tragen Geweihe. Die Geweihentwicklung ist abhängig von Alter und Ernährung.
Das Geweih auf dem Foto ist noch vom Bast ummantelt.

# Herbst

# OKTOBER

Die Tage sind kurz und die Nachttemperaturen niedrig geworden.
In der Natur kehrt langsam wieder Ruhe ein. Tiere und Pflanzen bereiten sich unübersehbar auf den Winter vor. Die Laubfärbung ist abgeschlossen; viele Blätter fallen bereits und bedecken den Waldboden mit einer dichten Laubdecke.
In der Nacht sind die **Igel** ein letztes Mal unterwegs, um sich einen Speckvorrat für den Winterschlaf anzufressen. Auch andere Kleinsäuger und Insekten begeben sich jetzt in ihre Winterverstecke. Aber die Natur bringt immer noch zarte Blüten hervor: Auf den Wiesen blühen jetzt die schönen, aber doch so giftigen **Herbstzeitlosen**.
In den Wälder finden sich **Fliegenpilze** – auch sie schön, aber giftig.

# Charakterarten

## Lärche

*(Larix decidua)*

Dieser häufige Waldbaum kann Höhen von bis zu 50 m und ein Alter von 600 Jahren erreichen. Die Lärche ist ein sommergrüner Nadelbaum, d.h. ihre Nadeln färben sich im Herbst leuchtend goldgelb und fallen ab. Der einhäusige Baum blüht zwischen März und Mai, jedoch nur alle 3–5 Jahre. Die Früchte reifen zu braunen Zapfen heran und bleiben nach Ausschüttung der Samen noch 10 oder mehr Jahre an den Zweigen. Der wertvolle Waldbaum braucht viel Licht, hat aber sonst nur geringe Standortansprüche und wird deshalb in ganz Europa angepflanzt. Das harte Holz wird bevorzugt als Bauholz und im Schiffsbau verwendet.

## Stieleiche

*(Quercus robur)*

Dieser wichtigste europäische Waldbaum erreicht eine Höhe von 40 m und kann mehr als 100 Jahre alt werden. Die einhäusige Stieleiche blüht von April bis Mai. Sie ist bestandsbildend in den Auen großer Flüsse und auf schweren Lehmböden der Ebene und des Hügellandes. Der Baum gehört zu den Lichtbaumarten; er benötigt zum Wachstum viel Licht und ist daher konkurrenzschwach. Die stärkereichen Eicheln, die im September reifen, bilden eine wichtige Nahrungsquelle für verschiedene Waldtiere. Aus dem Holz werden Möbel, Furniere und Fässer hergestellt. Die Rinde wurde früher wegen ihres starken Gerbstoffgehalts bei der Lederbearbeitung verwendet.

## Herbstzeitlose

*(Colchicum autumnale)*

Blätter und Blüte dieses Liliengewächses können niemals zur gleichen Jahreszeit betrachtet werden, denn die Herbstzeitlose treibt von August bis November ihre blassvioletten Blüten aus der Erde, wohingegen die Blätter erst im nächsten Frühjahr erscheinen. Die Pflanze kommt auf feuchten, lichten Waldungen und feuchten Wiesen vor. Die Herbstzeitlose enthält das hochgiftige Colchicin. Dieses Zellteilungsgift wird in der gärtnerischen Züchtung, aber auch zur Streckung von Drogen verwendet. Da die Pflanze früher immer wieder zum Morden benutzt wurde, bezeichnete man sie auch als Leichenblume.

## Admiral

*(Vanessa atalanta)*

Unverwechselbar machen den Admiral die roten Schrägbinden auf den schwarzen Vorder- und die roten Saumbinden auf den ebenfalls schwarzen Hinterflügeln. Der große Falter bevorzugt offenes Gelände. Die Art, die zu den Wanderfaltern zählt, kann sich in unseren Breiten nur durch jährliche Zuwanderung aus dem Süden halten. Von Mai bis Oktober entwickeln sich bei uns 2 Generationen. Den Winter übersteht der Admiral im nördlichen Europa nur äußerst selten. Im Herbst findet man die Falter vor allem auf Efeublüten sowie an faulendem Obst, während sich die Raupen fast ausschließlich von Brennnesseln ernähren.

## Igel

*(Erinaceus europaeus)*

Mit seinen bis zu 16 000 spitzen Stacheln, die eigentlich umgewandelte Haare sind, ist der Igel unverwechselbar. Er bewohnt Waldränder, Hecken und Gärten, in denen er im Herbst besonders häufig anzutreffen ist. Wichtig ist, dass ausreichend Versteckmöglichkeiten für die Tagesruhe des nachtaktiven Tiers vorhanden sind. Bei Gefahr kann sich der Igel zu einer unangreifbaren Stachelkugel zusammenrollen. Obwohl er zu den Insektenfressern gehört, ernährt sich der Igel von allen Tieren, die er überwältigen kann. Der Winterschlaf dauert von Oktober bis April, wird bei frostfreiem Wetter jedoch zur Nahrungssuche unterbrochen.

## Eichelhäher

*(Garrulus glandarius)*

Der rotbraune Rabenvogel ist durch seinen schwarzen Schwanz und die leuchtend blau-weiße Zeichnung seiner Flügel unverwechselbar. Der etwas unbeholfene Flieger ist auch auf große Distanz gut an seinem »rätschenden« Warnruf zu erkennen. Der Eichelhäher kommt in Laub- und Mischwäldern vor. Seine Nahrung ist sehr vielseitig, neben tierischer Beute wie Insekten, Jungvögeln und Mäusen sammelt er im Herbst Eicheln, Bucheckern und Nüsse, die er als Wintervorrat in Depots zwischen Laub und Wurzeln versteckt. Das gut gepolsterte Nest findet sich auf Bäumen oder in hochwüchsigen Gebüschen.

# OKTOBER

## Spät- (S) und Immerblüher (I)

Silberdistel *(Carlina acaulis)* (S)
Herbstzeitlose *(Colchicum autumnale)* (S)
Gefranster Enzian *(Gentiana ciliata)* (S)
Jakobsgreiskraut *(Senecio jacobea)* (S)
Efeu *(Hedera helix)* (S)
Löwenzahn *(Taraxacum officinale)* (I)
Persischer Ehrenpreis *(Veronica persica)* (I)
Gänseblümchen *(Bellis perennis)* (I)

## Was blüht jetzt sonst noch?

Schafgarbe *(Achillea millefolium)*
Rote Taubnessel *(Lamium purpureum)*
Großer Wiesenknopf *(Sanguisorba officinalis)*
Margerite *(Leucanthemum vulgare)*
Wilde Möhre *(Daucus carota)*
Wiesenbärenklau *(Heracleum sphondylium)*
Scharfer Hahnenfuß *(Ranunculus acer)*
Wilder Dost *(Origanum vulgare)*
Kanadische Goldrute *(Solidago canadensis)*
Gewöhnliches Leinkraut *(Linaria vulgaris)*

## Welche Bäume tragen Früchte?

Spitzahorn *(Acer platanoides)*
Hainbuche *(Carpinus betulus)*
Hainbuche *(Carpinus betulus)*
Rotbuche *(Fagus sylvatica)*
Stieleiche *(Quercus robur)*
Eibe *(Taxus baccata)*
Schwarzerle *(Alnus glutinosa)*
Purgier-Kreuzdorn *(Rhamnus cathartica)*
Rosskastanie *(Aesculus hippocastanum)*
Wacholder *(Juniperus communis)*

## Speisepilze

Fichtensteinpilz *(Boletus edulis)*
Pfifferling *(Cantharellus cibarius)*
Maronenröhrling *(Xerocomus badius)*
Parasol *(Macrolepiota procera)*
Butterröhrling *(Suillus luteus)*
Wiesenchampignon *(Agaricus campestris)*
Krause Glucke *(Sparassis crispa)*
Goldröhrling *(Suillus grevillei)*
Speisetäubling *(Russula vesca)*

## Giftpilze

Grüner Knollenblätterpilz *(Amanita phalloides)*
Fliegenpilz *(Amanita muscaria)*
Pantherpilz *(Amanita pantherina)*
Dickschaliger Kartoffelbovist *(Scleroderma citrinum)*
Weißer Knollenblätterpilz *(Amanita phalloides* var. *verna)*

## Welche Vögel sind jetzt da?

Amsel *(Turdus merula)*
Grünling *(Chloris chloris)*
Rotkehlchen *(Erithacus rubecula)*
Blaumeise *(Parus caeruleus)*
Buchfink *(Fringilla coelebs)*
Rauchschwalbe *(Hirundo rustica)*
Türkentaube *(Streptopelia decaocto)*
Kranich *(Grus grus)*
Graureiher *(Ardea cinerea)*

### BEOBACHTUNGSTIPPS

- Giftpilze
- Winterfell
- Spät- und Immerblüher
- Die Geheimnisse der Zugvögel
- Galläpfel

# Beobachtungstipps

## Giftpilze

Von den über 5000 bekannten mitteleuropäischen Pilzen sind rund 150 als Giftpilze identifiziert. Davon wirkt aber nur eine Handvoll tödlich. Der Grüne Knollenblätterpilz *(Amanita phalloides)* ist für über 90 % der Vergiftungen mit Todesfolge verantwortlich. Bereits 60 g des frischen Pilzes sind für einen Erwachsenen tödlich. Die giftigen Eiweißsubstanzen des Grünen Knollenblätterpilzes werden durch das Kochen nicht zerstört und schädigen massiv die inneren Organe. Ohne medizinische Gegenmaßnahmen tritt dann 5 Tage nach der Mahlzeit der Tod wegen unzureichender Leberfunktion ein. Die in Fliegen- und Pantherpilz enthaltene Ibotensäure ist ein Nervengift, das Atemnot, Sehstörungen und Herzklopfen, oft gekoppelt mit rauschähnlichen Zuständen, hervorruft. Aus diesem Grund wurde der Fliegenpilz früher in einigen Gegenden zu rituellen bzw. spirituellen Zwecken verzehrt. Viele weitere Pilzarten rufen in der Regel mehr oder minder starke Magen- und Darmbeschwerden hervor, ohne weitergehende, bleibende Schäden zu hinterlassen.

Übrigens: Sich hartnäckig haltende »Faustregeln« – wie etwa dass ein vom Kochwasser verfärbter Silberlöffel auf Gift hindeutet – taugen nicht zur Erkennung von Giftpilzen. Im Gegenteil, wer seine Gesundheit solchen unsinnigen Tipps anvertraut, lebt höchst gefährlich: Beim Kochen von Knollenblätterpilzen verfärbt sich nämlich ein Silberlöffel keinesfalls.

Der Fliegenpilz ist wahrscheinlich unser bekanntester heimischer Pilz – schön aber sehr giftig.

## Winterfell

Einige Tiere passen sich im Winter durch eine Umfärbung ihres Fells oder Federkleides hervorragend an die weißen Schneelandschaften an. Das Hermelin *(Mustela erminea)* hat je nach Jahreszeit nicht nur 2 Namen, sondern auch 2 Farben: Im Winter kennt man es als bis auf die Schwanzspitze weiß gefärbtes Hermelin, dessen prächtiges Fell so manchen Königspurpur geschmückt hat. Im Sommer dagegen ist das Fell auf der Oberseite braun, auf der Bauchseite weiß gefärbt. In dieser Zeit wird es als Großes Wiesel bezeichnet. In Gebieten mit wenig Schnee (England) bleiben Hermeline auch im Winter braun.

Im Schnee sind auch die Alpenschneehühner *(Lagopus mutus)* so gut getarnt, dass sie erst auffliegen, wenn man fast auf sie tritt. Ihre schneeweiße Färbung besitzen sie jedoch nur im Winter, im Sommer sind sie graubraun gefärbt. Dadurch sind sie das ganze Jahr über hervorragend getarnt. Alpenschneehühner kommen, wie ihr Name bereits verrät, in den Alpen, aber auch im hohen Norden vor. Der Schneehase *(Lepus timidus varronis)* ist im Sommer noch sehr leicht mit dem Feldhasen zu verwechseln. Im Winter jedoch tarnt auch er sich in schneereicher Umgebung mit einem weißen Fell.

Nur Augen, Nase und die schwarze Schwanzspitze verraten das im Schnee perfekt getarnte Hermelin.

## Spät- und Immerblüher

Im Herbst findet man nur noch sehr wenige blühende Pflanzen, da die Zeit zur Fruchtbildung dann oft nicht mehr vor dem Winter ausreicht. Die »echten« Herbst- oder Spätblüher, etwa die giftige Herbstzeitlose, die unverwechselbare Silberdistel, der immergrüne Efeu oder der seltene Gefranste Enzian, bilden ihre Früchte daher erst im nächsten Frühjahr aus. Andere Arten, die sogenannten »Immerblüher«, blühen unter günstigen Bedingungen oft von Februar bis November. Hierzu gehören neben dem Gänseblümchen noch einige weitere Pflanzen, die auf Wiesen und Weiden vorkommen, welche im Laufe des Jahres immer wieder gemäht werden; denn viele Pflanzenarten, die vom Menschen am Fruchten gehindert werden, blühen deshalb immer wieder aufs Neue.

Der immergrüne Efeu ist ein typischer Spätblüher und blüht oft noch im Oktober oder sogar November.

## Die Geheimnisse der Zugvögel

Lange haben Ornithologen darüber gerätselt, warum vor allem die Langstreckenflieger ihre Reise zwischen Sommer- und Winterquartier in einer keilförmigen Formation zurücklegen. Vor kurzem haben jedoch französische Biologen das Geheimnis gelüftet: Die keilförmige Anordnung sorgt für eine bessere Aerodynamik. Bei einer V-Formation von 25 Mitgliedern kann jeder Vogel eine Verringerung des Luftwiderstandes von bis zu 65 % und damit eine Erhöhung der Reichweite von bis zu 71 % erreichen.

Wie finden Zugvögel den Weg? Die Zugrichtung ist den Zugvögeln angeboren. Dass dies so sein muss, sieht man am Kuckuck. Der kann es ja nicht von seinen Eltern gelernt haben, da das Kuckucksweibchen seine Eier bekanntermaßen in die Nester anderer Vögel legt. Vögel, die tagsüber ziehen, orientieren sich an der Sonne, Nachtzieher sich hingegen sehr wahrscheinlich an den Sternen. Wenn Sonne und Sterne z. B. wegen starker Bewölkung nicht zu sehen sind, können sich einige Arten auch an den Magnetfeldern der Erde orientieren: Im oberen Teil des Schnabels der Vögel

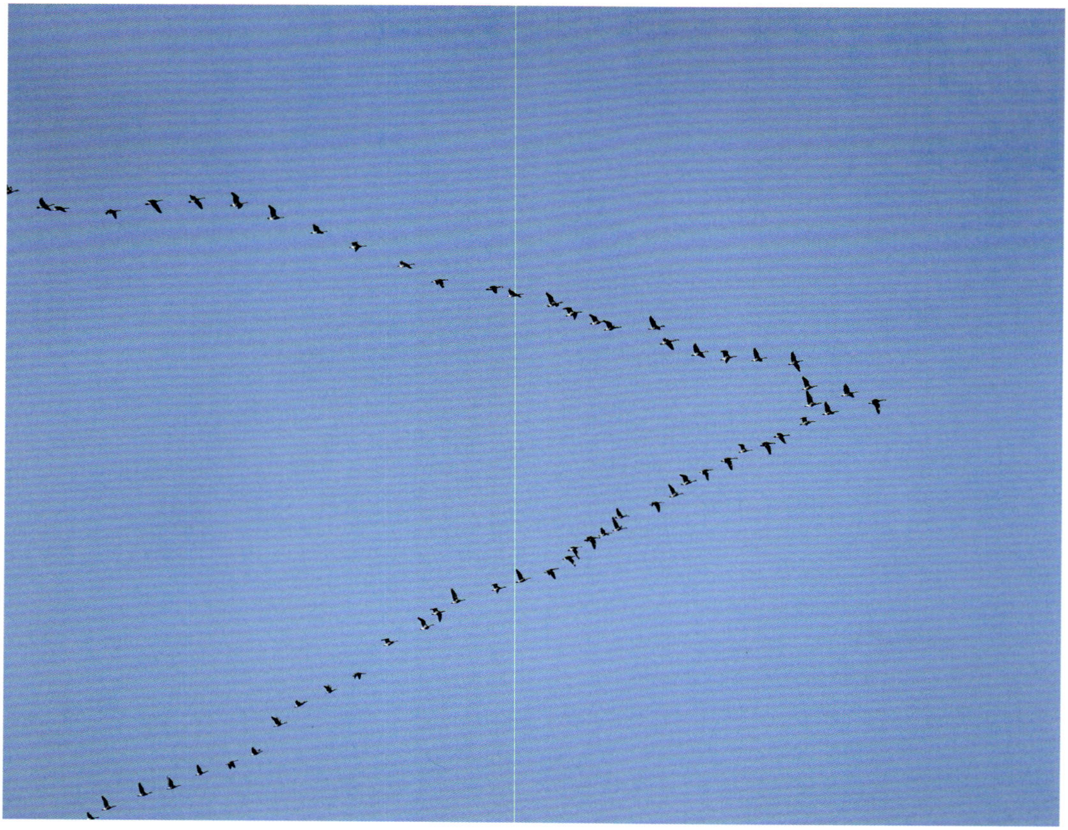

Viele größere Zugvögel fliegen in der sogenannten Keilformation. Dabei sparen die im »Windschatten« fliegenden hinteren Vögel Energie. Die Tiere an der Spitze werden von Zeit zu Zeit abgelöst.

sind nur wenige Mikrometer große Kristalle des eisenhaltigen Minerals Magnetit eingelagert, die quasi als »Nadel« eines »eingebauten Kompass« dienen. Sie können aber auch durch Wiedererkennen von markanten Landschaftsbildern ihren Weg finden.
Warum ziehen Zugvögel überhaupt? Nicht wegen der Kälte, sondern weil sie im Winter keine Nahrung mehr finden, können Insekten fressende Vögel wie Rauch- und Mehlschwalbe oder Mauersegler in Mitteleuropa nicht überwintern. Mücken, Käfer, Schmetterlinge und andere Insekten überleben Minusgrade nicht. Deshalb wandern die Zugvögel im Herbst in südeuropäische oder afrikanische Gebiete.
Und warum bleiben sie dann nicht einfach dort? Die Antwort ist einfach: Im Norden gibt es im Sommer ebenfalls ein Überangebot an Insekten, da zu diesem Zeitpunkt die Nahrungskonkurrenz ziemlich gering ist. Vögel, die daher im Sommer in den Norden zurückkehren, finden hier genügend Nahrung, um nicht nur zu überleben, sondern auch um ihre Brut großzuziehen. Im Norden haben die Insektenfresser auch weniger natürliche Feinde als im Süden.

## Galläpfel

An der Unterseite von Eichenblättern kann man jetzt häufig rund 2 cm große grünrote Kugeln entdecken. Diese sogenannten »Galläpfel« werden von einem recht unscheinbaren Insekt, der Gemeinen Eichengallwespe erzeugt. Die Weibchen dieser gerade mal 2 mm großen Gallwespenart legen nämlich im Sommer ihre Eier mit Hilfe ihres Legebohrers in den Blattrippen der Eichenblätter ab. Dabei wird immer nur ein Ei abgelegt. Die Eiche reagiert auf den Einstich der Wespe mit einer Gewebewucherung rund um die Legestelle, die aufgrund ihrer Kugelform Gallapfel genannt wird.

Zerteilt man eine »reife« Galle, wird die Larve im Zentrum sichtbar. Das schaumige Gallgewebe dient der Larve als Nahrung. Im Herbst verpuppen sich die Larven. Die fertigen Insekten – ausschließlich Weibchen – schlüpfen dann im Winter zwischen November und Februar. Diese Weibchen legen dann unbefruchtete Eier an Eichenknospen ab, aus denen im Frühjahr dann sowohl Weibchen und Männchen schlüpfen. Die befruchteten Weibchen verursachen dann die bereits beschriebenen Blattgallen. Pro Jahr entwickeln sich also 2 unterschiedliche Generationen.

Die auffälligen Galläpfel der Eiche sind die Larvenbehausungen einer winzigen Wespenart.

# Herbst

# NOVEMBER

Wenn der Laubfall beendet ist, beginnt der Spätherbst.

Der November ist auch eine Zeit des Wechsels: Der **Rehbock** wirft sein Geweih ab, die **Lärche** als einziger Nadelbaum ihre Nadeln. Das **Hermelin** verliert sein braunes Haarkleid; es wächst ihm ein weißes Winterfell. Andere Säugetiere bekommen ein dichteres Fell und schützen sich so in den jetzt kälter werdenden Tagen und Nächten. Die **Stockentenerpel** wechseln ihr Gefieder und stellen ihr prachtvolles Balzkleid zur Schau. Die letzten Zugvögel ziehen ab in den Süden. Auf Seen und Teichen dagegen überwintern zahlreiche Entenarten und andere Wasservögel. Die Rauschzeit der **Wildschweine** beginnt. Manchmal blüht auch noch der **Efeu**.

# Charakterarten

## Efeu

*(Hedera helix)*

Der Efeu ist ein Kletterstrauch, der mit seinen Haftwurzeln Höhen von über 20 m erklimmen kann. Die immergrünen Efeublätter sind auf der Oberseite glänzend dunkelgrün, auf der Unterseite dagegen deutlich heller. An blühenden Trieben sind sie ungelappt, an nicht blühenden Trieben 3–5-lappig. Die unscheinbaren, weißlichgelben Blüten erscheinen von August bis November, die blauschwarzen Steinfrüchte reifen von Februar bis April. Der Efeu wächst nahezu überall. Wenn er an Bäumen emporklettert, kann dies dazu führen, dass der verholzende Efeustamm seinen »Wirtsbaum« so würgt, dass dieser eingeht.

## Wald-Kiefer

*(Pinus silvestris)*

Dieser bis zu 40 m hohe Nadelbaum kann bis zu 600 Jahre alt werden. Die Nadeln der Kiefer sitzen zu zweit in kleinen Büscheln an Kurztrieben und sind bis 8 cm lang. Die Kiefer wird erst mit 30–40 Jahren mannbar. Die Blüte des einhäusigen Baumes erfolgt im Mai/Juni. Die Frucht ist ein Zapfen mit kurzem Stiel und sehr kräftigen Schuppen. Die Samen reifen erst im 2. Jahr im September/Oktober. Die ausgesprochene Lichtbaumart ist ansonsten relativ anspruchslos und kommt fast überall vor. Das sehr dauerhafte Holz dieses vielseitigsten europäischen Forstbaumes wird vor allem als Bau- und Möbelholz verwendet.

## Gewöhnlicher Wurmfarn

*(Dryopteryx filis-mas)*

Der Wurmfarn bildet seine gefiederten Wedel am gestauchten Wurzelstock in Rosetten aus, wodurch stattliche Sträuße entstehen. Die weit verbreitete Art bevorzugt schattige Wälder. An der Unterseite der Fiederchen sind nierenförmige Häufchen, die sogenannten »Sori«, zu sehen, die die Sporenkapseln enthalten. Im Frühling sind die Blattwedel noch eingerollt und sehen dann aus wie kleine »Bischofsstäbe« – so auch der volkstümliche Name. Der Name »Wurmfarn« weist auf den Gebrauch als

Mittel gegen Bandwürmer hin. Die Wurzel enthält Wirkstoffe, die die Muskulatur der Würmer lähmt und sie leichter ausscheidungsfähig macht.

## Stockente

*(Anas platyrhynchos)*

Die Stockente ist mit Abstand die häufigste heimische Entenart und fällt besonders im Herbst und Winter auf. Dieser typische Bewohner von Uferzonen und Gewässern ist die Stammform der Hausente. Die Erpel mit ihrem grün schillernden Gefieder fallen schneller ins Auge als die unscheinbar braunen Weibchen. Stockenten ernähren sich überwiegend von pflanzlicher Nahrung, aber auch von Kleintieren, Brot und Abfällen. Im Herbst beginnt die Balz der Enten mit der so genannten »Verlobung«, zur Kopulation kommt es jedoch erst im nächsten Frühjahr. Die Nester mit 7–11 Eiern finden sich am Boden oder auch auf Bäumen. Nach rund 1 Monat schlüpfen die Jungen, die mit 8 Wochen bereits voll flugfähig werden.

## Steinmarder

*(Martes foina)*

Im Gegensatz zum gelbkehligen Baummarder ist der Steinmarder durch einen weißen Brustlatz gekennzeichnet. Der Kulturfolger und Einzelgänger ist häufig im menschlichen Siedlungsbereich verbreitet. Er ist dämmerungs- und nachtaktiv und ernährt sich von Tauben, Ratten, Mäusen und anderen Kleintieren. In einem Hühnerstall oder Taubenschlag kann ein Steinmarder ein regelrechtes Blutbad anrichten, da er hier mehr tötet, als er fressen kann. Den Tag verschläft er in seinen Verstecken. Als »Automarder« ist er berüchtigt, da er gerne Gummileitungen und -dichtungen von Fahrzeugen zerbeißt.

## Eichhörnchen

*(Sciurus vulgaris)*

Das Eichhörnchen ist ein Baumbewohner, dessen buschiger Schwanz fast so lang wie der Körper ist. Neben den bekannten rotbraunen Tieren treten auch dunklere bis fast schwarze Varianten auf. Eichhörnchen leben im Wald, sind jedoch auch in Parks und Gärten anzutreffen. Sie ernähren sich von Nüssen, Eicheln und Zapfen, aber gelegentlich auch von Kleintieren. In Baumwipfeln legt das tagaktive Hörnchen seine Kugelnester, die so genannten Kobel an. Da das Eichhörnchen keinen Winterschlaf hält, muss es sich im Herbst einen Nahrungsvorrat zulegen. Jährlich werden 1–2 Würfe mit 2–5 blinden Jungen zur Welt gebracht.

# NOVEMBER

## Überwinternde Wasservögel

Stockente *(Anas platyrhynchos)*
Reiherente *(Aythya fuligula)*
Tafelente *(Aythya ferina)*
Krickente *(Anas crecca)*
Blässhuhn *(Fulica atra)*
Zwergtaucher *(Tachybaptus ruficollis)*
Haubentaucher *(Podiceps cristatus)*
Graugans *(Anser anser)*
Höckerschwan *(Cygnus olor)*
Lachmöwe *(Larus ridibundus)*

## Was blüht jetzt?

Hirtentäschelkraut *(Capsella bursa pastoris)*
Löwenzahn *(Taraxacum officinalis)*
Persischer Ehrenpreis *(Veronica persica)*
Gänseblümchen *(Bellis perennis)*
Herbstzeitlose *(Colchicum autumnale)*
Weiße Taubnessel *(Lamnium album)*

## Welche anderen Vögel sind noch da?

Amsel *(Turdus merula)*
Grünling *(Chloris chloris)*
Rotkehlchen *(Erithacus rubecula)*
Kohlmeise *(Parus major)*
Buchfink *(Fringilla coelebs)*
Hausrotschwanz *(Phoenicurus ochruros)*
Türkentaube *(Streptopelia decaocto)*
Fichtenkreuzschnabel *(Loxia curvirostra)*
Mäusebussard *(Buteo buteo)*
Neuntöter *(Lanius collurio)*
Graureiher *(Ardea cinerea)*

## Zapfen

Weißtanne *(Abies alba)*
Rotfichte *(Picea abies)*
Bergkiefer *(Pinus mugo)*
Waldkiefer *(Pinus silvestris)*
Weymouths Kiefer *(Pinus strobus)*
Arve *(Pinus cembra)*
Europäische Lärche *(Larix decidua)*

## Laubstreubewohner

Saftkugler *(Glomeris marginata)*
Schnurfüßer *(Schizophyllum sabulosum)*
Steinläufer *(Lithobius forficatus)*
Mauerassel *(Oniscus asellus)*
Rollassel *(Armadillidium vulgare)*
Springschwänze *(Collembola)*
Pseudoskorpion *(Neobisium carcinoides)*
Sammetmilbe *(Trombidium holosericeum)*
Gewöhnlicher Ohrwurm *(Forficula auricularia)*

### BEOBACHTUNGSTIPPS

- Rauschzeit der Wildschweine
- Überwinternde Wasservögel
- Winterschlaf
- Laubstreubewohner
- Moose und Farne

## An Futterkrippe und Luderplatz

Reh *(Capreolus capreolus)*
Rothirsch *(Cerphus elaphus)*
Wildschwein *(Sus scropha)*
Rotfuchs *(Vulpes vulpes)*
Mäusebussard *(Buteo buteo)*
Schleiereule *(Tyto alba)*
Kolkrabe *(Corvus corax)*
Rabenkrähe *(Corvus corone)*
Nebelkrähe *(Corvus cornix)*

# Beobachtungstipps

## Rauschzeit der Wildschweine

Die Brunftzeit heißt beim Schwarzwild Rauschzeit. Sie beginnt normalerweise Anfang November und endet Mitte Januar. Beginn und Dauer der Rauschzeit hängen nicht nur vom Klima, sondern auch vom Ernährungszustand der Tiere ab. Während der Rauschzeit kommt es zwischen den Keilern zu heftigen Positionskämpfen, wobei die dominanten Keiler die jüngeren durch ihr Drohverhalten verjagen. Sind 2 Keiler jedoch gleich stark, kann es zu erbitterten und lang andauernden Kämpfen kommen. Die Bache hat eine Tragzeit von rund 4 Monaten, sodass die Frischlinge zwischen Februar und April des folgenden Jahres zur Welt kommen. Die Geburt der 3–12 Frischlinge findet außerhalb der Wildschweinrotte innerhalb eines so genannten Wurfkessels, einem gut gepolsterten Versteck, statt. Bei Verlust der Frischlinge kommt es zu einer »Nachrausche« – die Bache wirft ein zweites Mal im Jahr.

## Überwinternde Wasservögel

Unsere Binnengewässer frieren im Winter nur äußerst selten zu und bieten damit Wasservögeln aus dem hohen Norden oder tief aus Russland gute Überwinterungsmöglichkeiten. Allerdings halten sich nur wenige Arten dicht am Ufer auf, sodass man sie den ganzen Winter hindurch gut beobachten kann. Zu ihnen gehören Stockente und Blässhuhn sowie 2 weitere Entenarten – Reiherente und Tafelente, die jedoch deutlich seltener sind als die vorher genannten Arten. Neben den halb-

Zur Fortpflanzungszeit der Wildschweine im Herbst kommt es oft zu erbitterten Kämpfen zwischen zwei gleich starken Keilern um eine Bache.

In winterlichen Gewässern gehören neben den Stockenten die Höckerschwäne zu den häufigsten Vögeln. Auch Kanadagänse, von denen Gefangenschaftsflüchtlinge frei lebende Populationen aufgebaut haben, sieht man häufig auf Parkteichen.

wilden Höckerschwänen gehören auch die Lachmöwen zu den häufigsten Vögeln an winterlichen Gewässern. Alle weiteren Überwinterer, wie Krickente und Haubentaucher sowie die Graugans, finden sich weiter draußen auf den Gewässern und sind nur mit einem leistungsstarken Fernglas vom Ufer aus zu beobachten.

## Laubstreubewohner

Die Zeit nach dem Laubfall ist eine gute Zeit, sich einmal die Laubstreu unserer Wälder genauer anzusehen, denn: Der Waldboden lebt! Wissenschaft-

In der Laubstreu des Waldes sorgen unter anderem Asseln für den Abbau der abgefallenen Blätter.

ler haben herausgefunden, dass auf einen Quadratmeter Waldboden zwischen dem Laub mehr als 5000 Tiere mit einer Größe von über 2 mm kommen. Nimmt man eine Tüte Laubstreu mit nach Hause und breitet das Laub auf einer hellen Unterlage aus, kann man viele verschiedene Arten schon mit dem bloßen Auge erkennen. Einige Bodentiere, etwa Asseln, Springschwänze und Regenwürmer, haben eine wichtige Funktion beim »Recycling« der Nährstoffe. Sie zersetzen die jedes Jahr anfallende Laub- und Nadelstreu. Die verbleibenden Reste ihrer Tätigkeit und ihre Ausscheidungsprodukte werden wiederum von Pilzen und Bakterien weiter zerlegt und ergeben dann pflanzenverfügbare Nährstoffe. Andere Bodentiere wie der Pseudoskorpion leben rein räuberisch.

## Winterschlaf

Im November kann man beobachten, wie sich die meisten unserer Waldtiere in ihre Verstecke zurückziehen, um die kalte Jahreszeit zu überstehen. Zum Überwintern haben sie verschiedene Strategien entwickelt. Echte Winterschläfer wie Fledermäuse, Siebenschläfer und Feldhamster senken, um Energie zu sparen, ihre Körpertemperatur und andere Körperfunktionen drastisch ab. Eichhörnchen, Dachs und Waschbär können ihre Körpertemperatur nicht senken und machen deshalb einfach einen tiefen Schlaf und zehren von ihren Fettreserven. Wenn diese nicht mehr ausreichen, sind diese »Winterruher« im Gegensatz zu den echten Winterschläfern jederzeit in der Lage, aufzuwachen und auf Nahrungssuche zu gehen. Am-

Der Name Siebenschläfer stammt von dem rund siebenmonatigen Winterschlaf, den der gefräßige Bilch von Oktober bis Anfang Mai hält.

Der Rippenfarn ist bei uns weit verbreitet und wächst häufig auf sauren und nassen Heide- und Waldböden, meist in Nadelwäldern.

Moose haben keinen regulierbaren Wasserhaushalt und sind deshalb an überwiegend feuchte Standorte gebunden – hier ein Widertonmoos.

phibien und Reptilien dagegen fallen in Winter- oder Kältestarre – ebenso wie Insekten und alle anderen Kleintiere. Sie können dann nichts mehr aktiv für ihren Wärmehaushalt tun, da sich ihr Körper der Umgebungstemperatur anpasst, und werden erst wieder aktiv, wenn die Temperatur einen bestimmten Sollwert überschreitet.

## Moose und Farne

Die Echten Farne stellen heute nur noch den Überrest einer einst artenreichen Pflanzengruppe dar, die vor 400 Millionen Jahren riesige Wälder bildete. Zu den Farnpflanzen gehören auch die Bärlappgewächse sowie die Schachtelhalme. Charakteristisches Merkmal der Farnpflanzen ist die Ausbildung von Sporen und ein Generationswechsel. Die Sporen werden meist in Sporenbehältern auf der Unterseite der Farnwedel gebildet und im Herbst vom Wind verbreitet.

Die zu den Niederen Pflanzen zählenden Moose werden im Vergleich zu den anderen Pflanzengruppen selbst von Botanikern etwas stiefmütterlich behandelt. Wie die Farne sind die meisten Arten typische Waldpflanzen, die an feuchten und schattigen Orten besonders üppig gedeihen. Viele Arten vertragen aber auch lange Trockenheit und können deshalb sogar auf Dächern wachsen. Sie bilden einen leistungsfähigen Wasserspeicher und sind für den Wasserhaushalt der Wälder und anderer Lebensräume äußerst wichtig. Wirtschaftliche Bedeutung haben die Torfmoose der Moore erlangt (Torfabbau!).

# Winter

# DEZEMBER

Die Tage und Nächte sind jetzt kälter geworden. Der Winter ist da. Minustemperaturen und Schneefälle werden immer häufiger. Jetzt lassen die kahlen Bäume und Sträucher einen Blick in ihre Tiefe zu. Die sonst verborgenen Vogelnester sind leicht zu erkennen. Einen weiteren guten Einblick in die Vogelwelt bieten Futterhäuschen. Im Wald lässt sich das sonst so versteckt lebende Wild an den Futterstellen und Luderplätzen beobachten. **Eichhörnchen** beginnen jetzt mit ihrer Paarungszeit und sind auch immer noch auf Nahrungssuche. Mit dem Verkehr haben sich die **Mäusebussarde** zumindest im Winter arrangiert. An den Straßen lauern sie oft stundenlang auf überfahrene Kleinsäuger.

# Charakterarten

## Mistel

*(Viscum album)*

Die Mistel wächst als Halbschmarotzer auf Bäumen. Mit ihren Wurzeln zapft sie die Leitungsbahnen ihrer Wirtsbäume an. Die Mistel hat immergrüne, eiförmige, sehr ledrige Blätter. Im Frühjahr erscheinen unscheinbare, gelbe Blüten. Die Verbreitung übernehmen Vögel (besonders die Misteldrossel), die die weißen, klebrigen Beeren fressen und die Samen auf die Äste von Bäumen ausscheiden. Im Altertum und im Mittelalter galt die Mistel als Zauberpflanze, sodass sie häufig in der Volksmedizin eingesetzt wurde. Heute wird sie in vielen Regionen als Weihnachtsschmuck verwendet: Sich unter dem Mistelzweig zu küssen soll Glück bringen.

## Weißtanne

*(Abies alba)*

Die Tanne kann bis zu 60 m hoch und über 500 Jahre alt werden. Der immergrüne Waldbaum hat seinen Namen von den 2 silbrigweißen Längsstreifen der Nadeln erhalten. Die Tanne kommt in Mischwäldern vor, bildet aber auch Reinbestände. Die Blütezeit ist im Mai/Juni. Die rotbraunen Zapfen zerfallen nach der Reife im September/Oktober und entlassen die Samen. Die Zapfenspindel bleibt dagegen noch Jahre stehen, das bedeutet, dass die »Tannenzapfen«, die man so häufig auf den Böden unserer Wälder findet, in Wirklichkeit immer Fichtenzapfen sind. Das Holz der Tanne wird als Bauholz sowie in der Möbel- und Papierindustrie verwendet.

## Rotfichte

*(Picea abies)*

Die Fichte ist unser häufigster heimischer Waldbaum. Der immergrüne Nadelbaum mit der rötlichen Rinde (Name!) kann bis zu 70 m hoch werden. Die einhäusige Fichte blüht nur alle 3–4 Jahre von April bis Juni. Aus den weiblichen Blütenständen entwickeln sich die hängenden »Tannenzapfen«, die später abfallen. Zwischen den Schuppen der Zapfen befinden sich die Flugsamen, eine beliebte Nahrung verschiedener Waldtiere. Wegen ihrer Schnellwüchsigkeit ist die Fichte eine der wichtigsten Arten in der Forstwirtschaft. Ihr weiches Holz wird als Bau- und Möbelholz genutzt. Im Dezember finden Fichten auch als Weihnachtsbaum Verwendung.

## Wildschwein

*(Sus scropha)*

Wildschweine können bis zu 4 Zentner schwer und nahezu 1 m hoch werden. Die Männchen (Keiler) sind leicht an ihren großen gebogenen Eckzähnen, den so genannten Hauern zu erkennen. Wildschweine leben in alten Laubwäldern mit Mastbäumen wie z. B. Eiche und Buche. Die im Boden wühlenden Tiere sind Allesfresser; neben pflanzlicher Nahrung werden auch kleine Wirbeltiere und im Boden lebende Insektenlarven verspeist. Die Paarung (Rauschzeit) findet zwischen November und Januar statt. Die 3–12 Jungen kommen dann im März/April zur Welt. Das Wildschwein ist die Stammform unseres Hausschweines.

## Kohlmeise

*(Parus major)*

Die Kohlmeise ist unsere größte und häufigste Meisenart. Durch den auffallend gelben Bauch mit dem schwarzen Mittelstreifen ist sie kaum mit anderen Vögeln zu verwechseln. Neben Laub- und Misch-wäldern bewohnt die Art auch Gärten und Parks. Sie ernährt sich im Sommer hauptsächlich von Insekten und deren Larven, im Winter dagegen eher von Früchten und Samen. An Futterhäuschen sind Kohlmeisen daher häufig zu beobachten. Die Vögel brüten in Baumhöhlen und Mauerspalten, nehmen aber auch sehr gerne künstliche Nisthöhlen an. Die Nester werden immer mit Haaren ausgepolstert.

## Mäusebussard

*(Buteo buteo)*

Dieser mittelgroße, gedrungene Greifvogel kann von einfarbig dunkelbraun bis fast weiß gefärbt sein. Die Flügelspitzen sind jedoch immer dunkel. Der Mäusebussard gehört zu den häufigsten und verbreitetsten Greifvögeln Europas. Charakteristisch ist sein »miauender« Ruf. Er lebt in Kulturlandschaften mit Waldgebieten. Der Mäusebussard ernährt sich von Feldmäusen und anderen Kleinsäugern, verschmäht jedoch auch Vögel, Frösche, Insekten und Aas nicht. Heute haben viele Mäusebussarde gelernt, dass es sich lohnt nach überfahrenen Kleintieren Ausschau zu halten. Besonders im Winterhalbjahr fallen sie an Autobahnen auf.

# DEZEMBER

## Was blüht jetzt?

Christrose *(Helleborus niger)*
Hirtentäschelkraut *(Capsella bursa pastoris)*
Vogelsternmiere *(Stellaria media)*
Löwenzahn *(Taraxacum officinalis)*
Persischer Ehrenpreis *(Veronica persica)*
Gänseblümchen *(Bellis perennis)*

## Vögel am Futterhaus

Kohlmeise *(Parus major)*
Blaumeise *(Parus caeruleus)*
Tannenmeise *(Parus ater)*
Grünling *(Carduelis chloris)*
Kleiber *(Sitta europaea)*
Amsel *(Turdus merula)*
Buchfink *(Fringilla coelebs)*
Gimpel *(Pyrrhula pyrrhula)*
Kernbeißer *(Coccothraustes coccothraustes)*
Buntspecht *(Dendrocopos major)*

## Wintergäste

Saatkrähe *(Corvus frugilegus)*
Bergfink *(Fringilla montifringilla)*
Rotdrossel *(Turdus iliacus)*
Raufußbussard *(Buteo lagopus)*
Seidenschwanz *(Bombycilla garrulus)*
Kanadagans *(Branta canadensis)*
Fichtenkreuzschnabel *(Loxia curvirostra)*
Birkenzeisig *(Carduelis flammea)*
Merlin *(Falco columbarius)*

## Welche anderen Vögel sind noch da?

Rotkehlchen *(Erithacus rubecula)*
Türkentaube *(Streptopelia decaocto)*
Graureiher *(Ardea cinerea)*
Feldsperling *(Passer montanus)*
Zilpzalp *(Phylloscopus collybita)*

## An Futterkrippe und Luderplatz

Reh *(Capreolus capreolus)*
Rothirsch *(Cerphus elaphus)*
Wildschwein *(Sus scropha)*
Rotfuchs *(Vulpes vulpes)*
Mäusebussard *(Buteo buteo)*
Schleiereule *(Tyto alba)*
Kolkrabe *(Corvus corax)*
Rabenkrähe *(Corvus corone)*
Nebel *(Corvus cornix)*

## Winterliche Entdeckungen in Dachstuhl und Keller

Siebenschläfer *(Glis glis)*
Abendsegler *(Nyctalus noctula)*
Großes Mausohr *(Myotis myotis)*
Tagpfauenauge *(Inachis io)*
Kleiner Fuchs *(Aglais urticae)*
Florfliege *(Chrysoperla carnea)*
Gewöhnliche Stechmücke *(Culex pipiens)*
Zweipunkt-Marienkäfer *(Adalia bipunctata)*

## Spuren im Schnee

Wildkaninchen *(Oryctolagus cuniculus)*
Feldhase *(Lepus europaeus)*
Reh *(Capreolus capreolus)*
Rothirsch *(Cervus elaphus)*
Wildschwein *(Sus scrofa)*
Eichhörnchen *(Sciurus vulgaris)*
Baummarder *(Martes martes)*
Hermelin *(Mustela erminea)*

### BEOBACHTUNGSTIPPS

- Getrommelte Liebesbotschaften
- Vögel am Futterhaus
- An Futterkrippe und Luderplatz

# Beobachtungstipps

## Vögel am Futterhaus

Im Winter erhält man bei der Beobachtung des Futterhäuschens die besten Einblicke ins Vogelleben. So bietet die Winterfütterung, die bei Experten und Naturschützern aus vielerlei Gründen nicht unumstritten ist, vielen Menschen die einfachste und oft auch einzige Gelegenheit, hautnah Erfahrung mit der einheimischen Vogelwelt zu machen. Der ökologische Nutzen einer Witterung wird jedoch meist überschätzt. Die Fütterung hilft mit, in harten Wintern große Verluste zu vermeiden. Sie kann jedoch eine Art nicht langfristig erhalten oder Bestände vergrößern. Gefüttert werden sollte ausschließlich bei Frost und geschlossener Schneedecke, in der übrigen Zeit finden die Vögel ausreichend Nahrung. Das Argument, es müsse bereits frühzeitig mit der Winterfütterung begonnen werden, damit die Vögel die Futterstellen kennen, ist falsch, da die Tiere in der Natur auch immer wieder darauf angewiesen sind, neue Nahrungsquellen schnell zu entdecken und zu nutzen. Auf der anderen Seite kann man durch Fütterung im Herbst keinen Schaden anrichten (wohl aber im Frühjahr), und die emotionale Beziehung zwischen Mensch und Natur wird durch die Beobachtung von Vögeln am Futterhaus allemal gefestigt – und das sollte immer ein Ziel sein.

## Getrommelte Liebesbotschaften

»Tock, Tock, Tock«: Ende Dezember sind die Buntspechte in unseren Wäldern nicht mehr zu überhören. Mit ihrem Getrommel und Geklopfe wollen die Männchen unserer am häufigsten vorkommenden Spechtart zu Beginn der Brutzeit nicht nur willige Weibchen anlocken, sondern auch männliche Rivalen aus dem eigenen Revier vertreiben. Der Buntspecht ist übrigens der schnellste Trommler unter den Spechten: Auf bis zu 20 Schläge in

Wer ein Futterhäuschen hat, kann viele, manchmal auch seltene Vogelarten quasi vom Wohnzimmerfenster aus beobachten. Allerdings sollte das Futter nicht nass werden.

Buntspechte kommen im Winter manchmal an die Futterstellen im Siedlungsbereich.

der Sekunde bringt es der so hübsch gefiederte kleine Vogel – und das oft über viele Stunden hinweg. In diesem Zusammenhang hat man sich lange Zeit gefragt, wie es Spechte eigentlich bewerkstelligen, stundenlang unermüdlich und mit voller Wucht auf harte Bäume einhämmern können, ohne Kopfschmerzen oder gar eine Gehirnerschütterung zu bekommen? Vor kurzem ist die Wissenschaft jedoch dem Geheimnis auf die Spur gekommen: Verantwortlich für die außergewöhnliche Fähigkeit der Spechte ist die spezielle Anatomie ihres Schädels. Federnde Muskeln zwischen Schnabel und Hirnschädel fangen die Aufprallkräfte nach dem Prinzip eines Stoßdämpfers auf und verhindern so eine Erschütterung des empfindlichen Gehirns.
Die Trommelwirbel des Buntspechts sind jetzt übrigens auch in der Stadt zu hören, da die Vögel in den letzten Jahren vermehrt auch Parks und Gärten als Lebensraum nutzen.

## An Futterkrippe und Luderplatz

Wildfütterungen sollen im Winter dem Überbrücken von Notzeiten dienen und sind eine günstige Gelegenheit, das heimische Schalenwild gut zu beobachten. Die Winterfütterung in unseren Breiten ist je nach Interessenlage jedoch äußerst umstritten. Tierschützer plädieren für die Fütterung, um den Tieren Leiden zu ersparen; Naturschützer dagegen sind meist völlig gegen eine Winterfütterung, um eine Abhängigkeit der Tiere vom Menschen zu verhindern und eine natürliche Auslese zu gewährleisten. Jäger wiederum sind für eine Wildfütterung in Notzeiten, um die Nahrungssituation zu verbessern und damit Schäl- und Verbissschäden in gefährdeten Gebieten zu vermeiden.
In besonders strengen Wintern, wenn der Boden lange Zeit von einer dichten Schneedecke bedeckt ist, legen manche Förster oder Jäger auch so genannte »Luderplätze« an, an denen Greifvögel und räuberisch lebende Säuger mit Fleischabfällen gefüttert werden. Besonders am Abend lassen sich am Luderplatz (in gebührendem Abstand) eindrucksvolle Beobachtungen machen.

Auch die umstrittene Winterfütterung bietet Gelegenheit, zum Beispiel ein Hirschrudel zu beobachten.

# Winter

# JANUAR

Der Januar ist der Monat mit den niedrigsten Jahrestemperaturen. Das Weiß des Schnees ist jetzt die dominierende Farbe, lediglich die immergrünen Nadelbäume bringen einige Farbtupfer. Als einzige Pflanze des Monats blüht die **Christrose**. Viele Tiere halten Winterschlaf oder Winterruhe. Aus dem noch kälteren Skandinavien und Osteuropa sind aber einige Vogelarten als Wintergäste zu uns gekommen. Dennoch sind nur wenige Vogel- und Säugerarten in der winterlichen Landschaft zu sehen. Aber ihre Spuren im Schnee verraten, dass sie da sind. Auf den Feldern beginnt die Hasenhochzeit, und auch die ersten Gesänge von **Amsel** und **Kohlmeise** machen Hoffnung auf den baldigen Frühling.

# Charakterarten

## Rotbuche

*(Fagus sylvatica)*

Dieser Laubbaum kann bis zu 45 m hoch und über 300 Jahre alt werden. Im Winter erkennt man viele Bäume an ihren Knospen, diejenigen der Rotbuche sind auffällig lang und spitz. Die Blütenkätzchen erscheinen im April/Mai, die Nussfrüchte, die sogenannten Bucheckern, reifen im September/Oktober. Bucheckern sind Dunkelkeimer, d. h. sie keimen nur bei Laubbedeckung. Die Samen bilden für viele Waldtiere eine wichtige Nahrungsquelle. Unter natürlichen Bedingungen wäre fast ganz Deutschland mit Buchen- oder Buchenmischwäldern bedeckt. Das rötliche Buchenholz findet vor allem in der Möbel- und Papierindustrie Verwendung.

## Eibe

*(Taxus baccata)*

Dieser immergrüne Nadelbaum erreicht selten Höhen von 20 m, kann jedoch bis zu 2000 Jahre alt werden. Die Eibe ist zweihäusig, d. h. männliche und weibliche Blüten befinden sich auf verschiedenen Bäumen. Sie bevorzugt feuchte, nährstoffreiche Wälder und wird als Zierpflanze gerne in Gärten, Parks und Anlagen angepflanzt. Als ausgesprochene Schattenpflanze benötigt sie nur sehr wenig Licht. Die ganze Pflanze ist mit Ausnahme der roten, fleischigen Samenhülle stark giftig. Das Holz wurde aufgrund seiner Elastizität im Mittelalter für den Bogenbau verwendet. Dies führte zum Rückgang dieser Art in Europa.

## Christrose

*(Helleborus niger)*

Christrose wurde diese Pflanze genannt, da sie in milden Wintern schon zur Weihnachtszeit ihre weißen Blüten zeigt. Die wintergrünen Blätter sind ledrig, lang gestielt und fußförmig. Weitere Namen dieses Frühstblühers sind Schwarze Nieswurz (Niespulver!) und Schneerose (Jahreszeit!). Die bei uns sehr seltene Art bevorzugt Kalkböden in lichten Bergwäldern und an steinigen Abhängen; in Deutschland kommt sie nur in den Alpen vor. Die Christrose wurde früher als Heilpflanze in Gärten angepflanzt, von wo aus sie verwilderte. Sie enthält Wirkstoffe, die in der Naturheilkunde bei Nierenentzündung und als Abführmittel eingesetzt werden.

## Florfliege

*(Chrysoperla carnea)*

Florfliegen überwintern gerne in Häusern. Die grazilen Insekten sind durch die Flügel mit dichter grüner Aderung und die golden glänzenden Augen gekennzeichnet. Im Sommer findet man die dämmerungs- und nachtaktiven Tiere fast überall in der Vegetation. Sie ernähren sich von Pollen, Nektar und dem »Honigtau« der Blattläuse. Die gestielten Eier werden an Pflanzenstängel und Blätter in der Nähe von Blattlauskolonien geklebt. Die Larven vertilgen bis zu 10 Blattläuse am Tag und werden deshalb auch oft als »Blattlauslöwen« bezeichnet. Pro Jahr gibt es 2 Generationen.

## Reh

*(Capreolus capreolus)*

Dieser kleinste europäische Hirsch trägt im Winter ein graubraunes Fell, das sich im Laufe des Mais in ein rotbraunes Sommerfell umfärbt. Das Geweih der Männchen hat bis zu 3 Enden pro Stange. Im Herbst werfen die Böcke ihr Geweih ab, deshalb sind sie im Winter von den Geißen nur schwer zu unterscheiden. Die Lebensräume des Rehs sind Wälder mit Unterwuchs, Lichtungen sowie Wiesen und Felder. Das Reh ist vorwiegend dämmerungsaktiv und ernährt sich von Kräutern, Gras, Trieben, Samen und Pilzen. Die Brunft findet im Juli und August statt. Die Jungtiere werden im Spätfrühjahr geboren. Werden Rehe erschreckt, geben sie einen bellenden Laut von sich.

## Kanadagans

*(Branta canadensis)*

Kanadagänse sind Standvögel und kommen im Winter gerne an Parkteiche. Ihre Heimat ist Nordamerika. Sie sind unverwechselbar durch ihren schwarzen Hals und Kopf mit dem charakteristischen weißen Kinn. Die gesellige Gans lebt bevorzugt an Seen mit bewaldeten Uferbereichen und ernährt sich von Pflanzen aller Art, im Sommer auch von Kleintieren. Das Bodennest wird immer in der Nähe des Wassers angelegt. Die Jungvögel sind bereits nach 40 Tagen flügge. Die Art ist äußerst ortstreu, d. h. die Jungvögel brüten später meist dort, wo sie zur Welt gekommen sind.

# JANUAR

## Was blüht jetzt?

Christrose *(Helleborus niger)*
Hirtentäschelkraut *(Capsella bursa pastoris)*
Löwenzahn *(Taraxacum officinalis)*
Persischer Ehrenpreis *(Veronica persica)*
Gänseblümchen *(Bellis perennis)*
Hasel *(Corylus avellana)*
Schwarzerle *(Alnus glutinosa)*

## Wintergäste aus anderen Ländern

Bergfink *(Fringilla montifringilla)*
Rotdrossel *(Turdus iliacus)*
Raufußbussard *(Buteo lagopus)*
Seidenschwanz *(Bombycilla garrulus)*
Kanadagans *(Branta canadensis)*
Fichtenkreuzschnabel *(Loxia curvirostra)*
Birkenzeisig *(Carduelis flammea)*
Merlin *(Falco columbarius)*

## Vögel am Futterhaus

Kohlmeise *(Parus major)*
Blaumeise *(Parus caeruleus)*
Tannenmeise *(Parus alter)*
Grünling *(Carduelis chloris)*
Amsel *(Turdus merula)*
Haussperling *(Passer domesticus)*
Buchfink *(Fringilla coelebs)*
Gimpel *(Pyrrhula pyrrhula)*
Kernbeißer *(Coccothraustes coccothraustes)*
Buntspecht *(Dendrocopos major)*

## Welche anderen Vögel sind noch da?

Uhu *(Bubo bubo)*
Waldkauz *(Strix aluco)*
Saatkrähe *(Corvus frugilegus)*
Zaunkönig *(Troglodytes troglodytes)*
Wintergoldhähnchen *(Regulus regulus)*
Rotkehlchen *(Erithacus rubecula)*
Türkentaube *(Streptopelia decaocto)*
Kleiber *(Sitta europaea)*

## Spuren im Schnee
(s. auch S. 127)

Feldhase *(Lepus europaeus)*
Waldmaus *(Apodemus sylvaticus)*
Reh *(Capreolus capreolus)*
Wildschwein *(Sus scrofa)*
Eichhörnchen *(Sciurus vulgaris)*
Steinmarder *(Martes foina)*
Rotfuchs *(Vulpes vulpes)*
Dachs *(Meles meles)*

## Winterliche Entdeckungen in Dachstuhl und Keller

Siebenschläfer *(Glis glis)*
Abendsegler *(Nyctalus noctula)*
Großes Mausohr *(Myotis myotis)*
Tagpfauenauge *(Inachis io)*
Kleiner Fuchs *(Aglais urticae)*
Florfliege *(Chrysoperla carnea)*
Gewöhnliche Stechmücke *(Culex pipiens)*
Zweipunkt-Marienkäfer *(Adalia bipunctata)*

## An Futterkrippe und Luderplatz

Reh *(Capreolus capreolus)*
Rothirsch *(Cerphus elaphus)*
Wildschwein *(Sus scropha)*
Rotfuchs *(Vulpes vulpes)*
Mäusebussard *(Buteo buteo)*
Schleiereule *(Tyto alba)*
Kolkrabe *(Corvus corax)*
Rabenkrähe *(Corvus corone)*
Nebelkrähe *(Corvus cornix)*

### BEOBACHTUNGSTIPPS

- Wintersänger und Beginn des Vogelgesanges
- Wintergäste
- Spuren im Schnee
- Winterliche Entdeckungen in Dachstuhl und Keller
- Fische unter dem Eis
- Leben unter der Schneedecke
- Papageien am Meisenknödel

# Beobachtungstipps

## Wintersänger und Beginn des Vogelgesanges

Jetzt ist in stillen Nächten der Uhu kilometerweit zu hören. Unsere größte heimische Eulenart gilt als typischer Wintersänger. Der Ruf des Uhus (»buho« oder »u-hu«) dient der Paarfindung. Auch sein kleinerer Verwandter, der Waldkauz, ist im Winter gut zu hören. Dabei ist es vor allem das tremolierende, heulende »huu-huhuhu-huu« des Männchens, das besonders schaurig klingt.
Dass es sich beim Waldkauz nach einem alten Aberglauben um einen »Boten des Todes« handeln soll, hat jedoch vor allem etwas mit dem Ruf des weiblichen Waldkauzes zu tun, das die Balzgesänge des Männchens mit einem rauen »kuitt, kuitt« beantwortet. Ein Ruf, der in früheren Zeiten oft als die Aufforderung »Komm mit, komm mit!« missverstanden wurde.

Ein weiterer Wintersänger ist der Zaunkönig, der seinen, für die winzige Körpergröße erstaunlich lauten Gesang auch bei Schnee und Eis ertönen lässt. Zaunkönige verlieren übrigens in kalten Nächten mehr Wärme als größere Vogelarten, deshalb drängen sich oft mehrere Zaunkönige in einem Nest zusammen, um sich gegenseitig Wärme abzugeben. Aber auch einige männliche Singvögel wie Kohlmeise und Amsel reagieren mit ihrem hormongesteuerten Gesang gegen Ende Januar schon auf die länger werdenden Tage. Er ist am Anfang noch zögerlich, es klingt, als wollten sie noch proben.

## Wintergäste aus anderen Ländern

Viele unserer Vögel ziehen zum Überwintern in den Süden. Wenig bekannt dagegen ist, dass sich auch einige Vogelarten aus noch kälteren Gebieten bei uns einfinden, um hier zu überwintern. Aus nordischen Landstrichen kommt der skandinavi-

Der Uhu, ein typischer »Wintersänger«, ist außer an seiner Größe besonders an seinen langen Federohren zu erkennen.

In harten Wintern kommen Seidenschwänze in großer Anzahl aus ihren sibirischen Brutgebieten in der Taiga nach Mitteleuropa.

sche Bergfink besonders in kalten Jahren in Massen zu uns. In den Städten sieht man jetzt in Parks, Siedlungen, offenen Flächen und Abfallsammelstellen viele Saatkrähen, die in großen Familienverbänden dem kalten Osteuropa entflohen sind. Oft leben die Saatkrähen mit Rabenkrähen und Dohlen vergesellschaftet. In den wärmeren Monaten trifft man die Saatkrähe bei uns dagegen eher selten an.

Nur im Winter kann man mit etwas Glück Bergfink, Schellente, Rotdrossel und Raufußbussard beobachten. Der Seidenschwanz, ein exotisch anmutender, prächtig gezeichneter Vogel, ist ein Besucher aus der Taiga. In manchen Jahren, wenn es in der Taiga schlechte Futterjahre gibt, kann es bei uns zu einer regelrechten Masseninvasion kommen. Die zutraulichen Vögel sitzen dann oft in Schwärmen in unseren Gärten und machen sich über Beeren aller Art her.

Die Spur des Feldhasen erkennt man vor allem an der Anordnung der Trittsiegel, die für Tiere typisch ist, die sich im Sprung oder Galopp bewegen.

## Spuren im Schnee

Es ist schwer, Wildtiere unter natürlichen Bedingungen zu beobachten, denn besonders die scheuen und äußerst wachsamen Säugetiere unserer Wälder verbergen sich beim Herannahen des Menschen. Aber an den Spuren kann man erkennen, welches Tier gerade vorbeigekommen ist. Dazu ist der Winter mit einer geschlossenen Schneedecke die richtige Zeit. Mit etwas Übung und dem passenden Fachliteratur lernt man schnell die charakteristischen Tierspuren zu identifizieren und zu unterscheiden. Dann ist die korrekte Zuordnung der Hoppelspur der Hasen, der Schnürspuren von Fuchs und Reh, der schweren Trittsiegel der Wildschweine und der etwas flatterhaften Spuren diverser Vögel kein Geheimnis mehr.

Erfahrene Fährtenleser können auch das Alter einer Spur im Schnee bestimmen. Dazu muss man wissen, wie sich die Spuren unter dem Ein-

Typische Spuren im Schnee: Reh ①, Wildschwein ②, Steinmarder ③, Dachs ④, Fuchs ⑤.

fluss des Wetters mit der Zeit verändern: So ist bei einer frischen Spur der Boden dünn und nur leicht angefroren, während er bei einer alten dick und vereist ist. Wind kann den windseitigen Rand alter Spuren verwischen und Schnee in die Spurlöcher wehen. Bei Tauwetter gelegte Spuren sind deutlicher als andere. Zu Zeiten, als die Menschen noch vom Jagen und Fallenstellen lebten, waren solche Kenntnisse überlebensnotwendig.

## Winterliche Entdeckungen in Dachstuhl und Keller

Wenn es beginnt, draußen kalt zu werden, suchen viele Tiere die Wärme und Geborgenheit menschlicher Bauwerke. Echte Winterschläfer wie der Siebenschläfer ziehen sich gerne zum Schlummern in Dachstühle und Scheunen zurück. Fledermäuse und Kröten bevorzugen dagegen für ihren Winterschlaf »Ersatzhöhlen«, nämlich Keller und andere unterirdisch gelegene Räume. Im Dachstuhl trifft man häufig überwinternde Schmetterlinge wie das

Der Zitronenfalter kann, im Gegensatz zu anderen Schmetterlingen, dank seines speziellen »Antigefriersystems« ungeschützt im Schnee überwintern.

Tagpfauenauge und den Kleinen Fuchs an, die bis zum nächsten Frühjahr frostfreie Quartiere benötigen. Marienkäfer überwintern gern gemeinsam in den Spalten von Fensterrahmen. Während des Überwinterns in Häusern wechselt die grüne Körperfärbung der Florfliegen in ein zartes Rotbraun. Auch die Gewöhnliche Stechmücke muss den Winter in Gebäuden überdauern. Der Zitronenfalter dagegen ist durch eine spezielle Winteranpassung in der Lage, im Freien zu überwintern. Durch Wasserausscheidung werden seine Zellsäfte konzentriert, der Gefrierpunkt der Körperflüssigkeiten gesenkt und Glyzerin als internes Frostschutzmittel gebildet.

## Fische unter dem Eis

Was passiert eigentlich in harten Wintern mit den Fischen, wenn die Gewässer zugefroren sind? Ein Glück für unsere Fische, die ein Einfrieren nicht überleben würden, dass größere Teiche und Seen in Mitteleuropa niemals ganz zufrieren. Die Eisschicht wird, eine Mindesttiefe von über 1 m vorausgesetzt, kaum dicker als 30 cm. Aufgrund der so genannten »Dichteanomalie« wird das Tiefenwasser von Seen nämlich niemals kälter als 4 °C, denn bei dieser Temperatur hat Wasser die größte Dichte und sinkt nach unten. Kälteres Wasser dagegen steigt nach oben, deshalb frieren die Gewässer von der Oberfläche her zu. Daher halten sich die Fische im Winter auf dem Grund der Seen auf und halten dort ihre Winterruhe. Ihr Herz schlägt nur sehr langsam, sie atmen weniger und verbrauchen so nur wenig Sauerstoff. Sie nehmen auch keine Nahrung mehr zu sich und müssen von ihren angefutterten Energiereserven zehren.

## Leben unter der Schneedecke

Auch wenn eine Schneelandschaft oft wie tot wirkt, ist die Schneedecke keineswegs ein Leichentuch,

Gewässer, die tiefer als 1 m sind, frieren nicht bis zum Boden durch, sodass Fische darin überleben können.

das alles erstickt. Das Gegenteil ist dank eines »Iglu-Effekts« der Fall: Wenn oberhalb der Schneedecke frostige Minustemperaturen herrschen, sind die Temperaturen darunter vergleichsweise mild. Aber durch die Schneedecke werden die Pflanzen nicht nur vor Frost geschützt, sondern auch vor dem Austrocknen bewahrt, da die Luft im Schnee stets wasserdampfgesättigt ist. Sogar das Sonnenlicht kann durch nicht allzu dicke Schneedecken dringen, sodass die Pflanzen auch assimilieren können. Die Frühblüher (s. S. 14) bilden ihre Blütenknospen unter dem Schutz der Schneedecke so weit aus, dass sie sofort blühen können, wenn die Außentemperaturen dies zulassen. Aber auch kleinere Tiere wie z. B. Mäuse suchen im Winter den Schutz der Schneedecke, unter der sie ihre Gänge anlegen, die nach der Schneeschmelze oft lange sichtbar bleiben.

## Papageien am Meisenknödel

In vielen am Rhein gelegenen Städten wie etwa Köln, Düsseldorf, Wiesbaden und Mannheim kann man jetzt mit etwas Glück ein seltsames Schauspiel beobachten: Wildlebende Halsbandsittiche besuchen unsere Vogelhäuschen. Bei den Papageien, die eigentlich in Afrika und Asien zu Hause sind, handelt es sich um die Nachkommen von entkommenen Käfigvögeln, die sich mittlerweile zu ansehnlichen Populationen gemausert haben. Nach Schätzungen von Experten leben mittlerweile insgesamt acht- bis zehntausend Halsbandsittiche in Deutschland. Der deutsche Winter macht den als ziemlich robust geltenden Halsbandsittichen, im Gegensatz zu vielen anderen Papageienarten, relativ wenig zu schaffen. Denn auch in den Heimatregionen der Vögel, wie z.B in Indien, kann es mitunter empfindlich kalt werden. Zudem sind die Winter gerade an den im Rheintal gelegen Städten vergleichsweise milder als in anderen deutschen Orten.

Eigentlich müssen die Halsbandsittiche in der kalten Jahreszeit keinen Hunger leiden, stehen doch auch im Winter genügend Beeren und Samen in unseren Gärten und Parks zur Verfügung, um einen knurrenden Papageienmagen zu stillen. Aber ab und an suchen die Vögel gern mal ein Vogelhäuschen auf oder verputzen einen Meisenknödel. Auch Papageien neigen zur Bequemlichkeit.

# Winter

# FEBRUAR

Wenn die **Schneeglöckchen** blühen, beginnt der Vorfrühling. Auch **Märzenbecher**, **Seidelbast** und **Krokus** zeigen, dass der Winter bald vorbei ist. Überhaupt macht sich in der Natur eine zarte Aufbruchstimmung breit: Der **Zitronenfalter** und andere Insekten trauen sich an warmen Tagen aus ihren Verstecken. Auch **Dachs**, **Waschbär** und **Eichhörnchen** sind bereits an milden Tagen aktiv. Der Gesang der heimischen Vogelwelt wird immer kräftiger. Der **Kiebitz** ist einer der ersten Frühheimkehrer aus den Überwinterungsgebieten im Süden. Die **Feldlerchen** treffen in ihren Brutgebieten ein. Als erste Jungtiere des Jahres werden kleine Frischlinge geboren.

# Charakterarten

## Seidelbast

*(Daphne mezereum)*

Dieser geschützte, wenig verzweigte Strauch wird 1–2 m groß. Im zeitigen Frühjahr (Blühzeit: Februar bis April) fallen seine rosa bis violett gefärbten und stark duftenden Blüten auf. Die erbsengroßen, saftigen Früchte sind rot und bis in den November hinein zu finden. Der Seidelbast ist weit verbreitet und kommt in Laubwäldern mit nährstoffreichen Böden vor. Er gilt als stark giftig. Im Mittelalter wurde der Seidelbast nicht nur als Heilpflanze, sondern auch als Mittel gegen Läuse genutzt. Heute ist er eine beliebte Zierpflanze und wird deshalb oft in Parkanlagen angepflanzt.

## Märzenbecher

*(Leucojum vernum)*

Die weißen, glockenförmigen Blüten des Märzenbechers duften intensiv. Wegen ihres unterständigen, knotenartigen Fruchtknotens wird die Pflanze auch »Frühlings-Knotenblume« genannt. Vom nah verwandten Schneeglöckchen unterscheidet sie sich durch die gleich langen Blütenblätter. Die zu den Narzissengewächsen gehörende giftige Art ist im Halbschatten auf feuchten Böden von Auwäldern, aber auch auf Wiesen zu finden. Der Märzenbecher ist zwar stellenweise häufig, aber dennoch gefährdet und deshalb geschützt. Durch seine sehr frühe Blüte (Februar bis April) ist er auch eine wertvolle erste Nahrungsquelle für Insekten.

## Schneeglöckchen

*(Galanthus nivalis)*

Die zu den Narzissengewächsen zählende Pflanze wird bis zu 35 cm hoch. Namensgebend sind die einzeln am Stängel hängenden weißen, glockenförmigen Blüten. Das Schneeglöckchen wächst in Auwäldern und feuchten Laubwäldern. Aufgrund seiner frühen Blühzeit wird es gerne als Zierpflanze in Gärten gezogen. Für Insekten ist das Schneeglöckchen die erste Nahrungsquelle im Jahr. Die Art steht unter Naturschutz. Das Schneeglöckchen enthält verschiedene Giftstoffe, die Lähmungserscheinungen hervorrufen können. Während bei uns Schneeglöckchen ein Sinnbild für die keusche Jugendliebe sind, gelten sie in England als Todesboten.

## Feldlerche

*(Alauda arvensis)*

In klimatisch begünstigten Lagen kann man bereits an warmen Februartagen den Singflug der Feldlerche hören: Das Männchen steigt steil empor und umkreist mit trillerndem Gesang sein Revier, das so »markiert« wird. Der sperlingsgroße Vogel hat ein braungraues Gefieder mit dunkel gestreifter Brust. Charakteristisch ist der kurze, abgerundete Schopf. Die Feldlerche ist ein Tier der offenen Landschaften. Sie ernährt sich von Würmern, Insekten und Pflanzenteilen. Der Bodenbrüter baut sein Nest zwischen April und Juli. Noch zu Beginn des 19. Jahrhunderts war die Lerche in Teilen Deutschlands ein begehrter Speisevogel.

## Zitronenfalter

*(Gonepteryx rhamni)*

Wirklich leuchtend zitronengelb sind die Flügel dieses Falters nur beim Männchen. Die Flügel des Weibchens sind heller und eher grünlich. Der Zitronenfalter ist in Wäldern, aber auch in Gärten oder Siedlungsgebieten anzutreffen. Nach der Paarung im Vorfrühling erfolgt im Juni die Eiablage. Die mattgrünen Raupen mit den weißen Seitenstreifen ernähren sich hauptsächlich von Kreuzdorn und Faulbaum. Der Zitronenfalter überwintert steif gefroren in Winterstarre in einem Gebüsch und zählt zu den ersten Frühlingsboten.

## Kiebitz

*(Vanellus vanellus)*

Der Kiebitz ist einer der ersten Frühlingsboten. Sein typisches »kie-witt« (Name!) hört man ihn oft schon im Februar rufen. Der Kopf des knapp taubengroßen Vogels ist durch einen hoch aufragenden, schwarzen Federschopf gekennzeichnet, der bei den Weibchen etwas kleiner ist. Am liebsten halten sich Kiebitze in feuchten Wiesen und Feldern auf. Sie sind oft mit anderen Wiesenvögeln wie Uferschnepfen und Rotschenkeln vergesellschaftet. Der Vogel ernährt sich von Würmern, Schnecken und Insekten. Das Nest wird in einer Mulde auf dem Boden angelegt. Die Eiablage erfolgt von März bis Mai. Die Jungvögel sind Nestflüchter.

# FEBRUAR

## Was blüht jetzt?

Christrose *(Helleborus niger)*
Seidelbast *(Daphne mezereum)*
Schneeglöckchen *(Galanthus nivalis)*
Märzenbecher *(Leucojum Vernum)*
Hirtentäschelkraut *(Capsella bursa pastoris)*
Löwenzahn *(Taraxacum officinalis)*
Persischer Ehrenpreis *(Veronica persica)*
Gänseblümchen *(Bellis perennis)*

## Spuren im Schnee
(s. auch S. 127)

Wildkaninchen *(Oryctolagus cuniculus)*
Feldhase *(Lepus europaeus)*
Reh *(Capreolus capreolus)*
Rothirsch *(Cervus elaphus)*
Wildschwein *(Sus scrofa)*
Eichhörnchen *(Sciurus vulgaris)*
Baummarder *(Martes martes)*
Hermelin *(Mustela erminea)*

## Vögel am Futterhaus

Kohlmeise *(Parus major)*
Blaumeise *(Parus caeruleus)*
Tannenmeise *(Parus alter)*
Grünling *(Carduelis chloris)*
Kleiber *(Sitta europaea)*
Haussperling *(Passer domesticus)*
Buchfink *(Fringilla coelebs)*
Gimpel *(Pyrrhula pyrrhula)*
Kernbeißer *(Coccothraustes coccothraustes)*
Buntspecht *(Dendrocopos major)*

## Welche anderen Vögel sind noch da?

Waldohreule *(Asio otus)*
Waldkauz *(Strix aluco)*
Saatkrähe *(Corvus frugilegus)*
Zaunkönig *(Troglodytes troglodytes)*
Wintergoldhähnchen *(Regulus regulus)*
Rotkehlchen *(Erithacus rubecula)*
Türkentaube *(Streptopelia decaocto)*

## An Futterkrippe und Luderplatz

Reh *(Capreolus capreolus)*
Rothirsch *(Cerphus elaphus)*
Wildschwein *(Sus scropha)*
Rotfuchs *(Vulpes vulpes)*
Mäusebussard *(Buteo buteo)*
Schleiereule *(Tyto alba)*
Kolkrabe *(Corvus corax)*
Rabenkrähe *(Corvus corone)*
Nebelkrähe *(Covus cornix)*

## Erste Insekten

Honigbiene *(Apis mellifica)*
Erdhummel *(Bombus terrestris)*
Kleiner Fuchs *(Aglais urticae)*
Zitronenfalter *(Gonopteryx rhamni)*
Tagpfauenauge *(Inachis io)*
Rote Waldameise *(Formica rufa)*

## Frühheimkehrer

Feldlerche *(Alauda arvensis)*
Singdrossel *(Turdus philomelos)*
Misteldrossel *(Turdus viscivorus)*
Kiebitz *(Vanellus vanellus)*
Star *(Sturnus vulgaris)*
Kranich *(Grus grus)*

### BEOBACHTUNGSTIPPS

- Kätzchen auf Bäumen
- Geweihabwurf beim Rotwild
- Balzfütterung der Eisvögel
- Winterfeste Wasservögel
- Erste Insekten
- Blüten im Schnee
- Frühheimkehrer

# Beobachtungstipps

## Kätzchen auf Bäumen

Ende Februar beginnen in den Auwäldern und im Uferbereich von Gewässern die Salweiden auf die jetzt wärmer werdenden Tage zu reagieren. Sie werfen noch vor dem Laubaustrieb die dunkelbraunen Hüllen ab, die ihre silbrig glänzenden Kätzchenblüten umgeben. Die dicht behaarten Blütenstände sehen nicht nur wie kleine Felltiere aus, sondern fühlen sich auch so an, daher stammt auch der Name Kätzchen. Wenn man Salweiden genauer betrachtet, fällt auf, dass einige Bäume nur gelbe (männliche) und andere nur grünliche (weibliche) Kätzchen tragen – sie sind zweihäusig, d. h. männliche und weibliche Blüten sitzen an verschiedenen Bäumen. Die süßlich duftenden Weidenkätzchen werden von Insekten bestäubt. Weidenkätzchen sind, obwohl am bekanntesten, streng genommen gar keine »echten« Kätzchen. Richtige Kätzchenblüher im botanischen Sinn sind dagegen die Apetaleae, die so genannten »Blütenblattlosen«, etwa Eichen, Erlen, Birken, Rotbuche und andere. Sie besitzen im Gegensatz zu den Weidenkätzchen eingeschlechtliche Blüten, die vom Wind bestäubt werden.

Die Kätzchen der männlichen Salweide sind eine wichtige erste Nahrungsquelle für die Bienen im Frühling.

## Geweihabwurf beim Rotwild

Im Gegensatz zu den Hörnern der Kühe und anderer Hornträger wird das Geweih des Rothirsches jährlich zwischen Februar und April abgeworfen und bis zum Sommer wieder aufgebaut. Auf Waldspaziergängen kann man daher jetzt mit etwas Glück das abgeworfene Geweih eines Rothirsches finden (man darf es nicht mitnehmen, sondern muss den Fund dem Forstamt oder Revierinhaber melden). Der Abwurf wird durch knochenabbauende Zellen, sogenannte Osteoklasten, oberhalb der Rosenstöcke verursacht. Die Abbruchstelle ist innerhalb weniger Stunden mit einer Hautschicht, dem Bast, wieder verschlossen. Nach dem Abwurf haben die Hirsche anfangs oft Gleichgewichtsstörungen, da sich die Halsmuskulatur erst allmählich auf die Entlastung des Kopfes, die meist ein Gewicht von mehreren Kilogramm betragen kann, einstellt.

Der Geweihabwurf erfolgt umso eher, je älter der Hirsch ist. Nach dem Abwerfen sinken die Hirsche innerhalb des Rudels in ihrem Rang. Kurzfristig dominieren dann die jüngeren, noch geweihtragenden Hirsche. Sofort nach dem Abbau beginnt das so genannte »Schieben«, der Aufbau eines neuen Geweihs. Das neue Geweih entsteht innerhalb von nur 120 Tagen. Ein enormer Kraftakt für den Rothirsch, denn er muss bis zu 14 kg Knochenmasse neu bilden. Das wachsende Geweih ist noch weich und während der Wachstumsphase vom Bast, einer samtartigen Nährhaut überzogen. Die Größe eines Geweihs ist immer abhängig vom Mineralstoffangebot im Revier des Hirsches.

## Erste Insekten

Ab Ende des Monats, wenn es mild ist, kommen die ersten Bienen und Hummeln, um meist an den Weiden den ersten Blütenpollen zu sammeln. Frühmorgens, wenn es noch kalt ist, wirken die Hummeln seltsam erstarrt und wehrlos mit ihren langsamen Bewegungen. Ursache ist eine Unterkühlung der Muskeln, denn die Flugmuskeln benötigen zum Abheben eine Temperatur von mindestens 34 °C. Wenn die Sonne nicht scheint, können die Hummeln nicht die Wärme auftanken, die sie benötigen. Bietet man dem Insekt jedoch Honigwasser oder Traubensaft an, kann es die Lösung rasch aufnehmen, den Traubenzucker im Körper schnell in Wärmeenergie umwandeln und losfliegen.

Zu den ersten Insekten, die an warmen Vorfrühlingstagen zum Vorschein kommen, gehören Hummeln – hier eine Erdhummel an Krokusblüten.

Bei milder Witterung hält es auch Ameisen und Mücken nicht mehr in ihren geschützten Verstecken. Die Ameisen beginnen nach neuen Nahrungsgebieten zu suchen. Im Schutz der Hecken kann man die langbeinigen Wintermücken zumeist an der gleichen Stelle tanzen sehen. Die tanzenden Schwärme bestehen nur aus Junggesellen, die durch diese Zeremonie Weibchen anlocken wollen.

Zitronenfalter, Kleiner Fuchs und Tagpfauenauge sind die ersten Schmetterlinge, die aus ihrer Winterstarre erwachen.

## Winterfeste Wasservögel

Wenn der Winter bei uns so hart zuschlägt, dass Teiche, Seen und sogar Flüsse zufrieren, sorgt sich sicherlich so mancher Naturfreund, dass Enten, Gänse und andere Wasservögel mit ihren Füßen auf der Eisfläche festfrieren könnten. Die Sorge der Tierfreunde ist jedoch völlig unbegründet. Die Vögel besitzen nämlich einen körpereigenen Wärmeaustauscher. Mit dem können sie ihre Füße von den 39 °C, die im übrigen Körper herrschen, auf rund 8 °C herunterkühlen. Dieser Wärmeaustausch wird durch die spezielle Lage der Blutgefäße in den Beinen ermöglicht, in denen Arterien und Venen sehr eng nebeneinander liegen. Während warmes Blut durch die Arterien in die Füße fließt und dabei von den benachbarten Venen heruntergekühlt wird, wird das kalte venöse Blut, das in den Körper zurückfließt, von den Arterien wieder erwärmt. Durch diesen Trick sind die Füße gerade so kalt, dass das Eis darunter nicht antaut. Und was nicht antaut, kann auch nicht gefrieren.

## Balzfütterung der Eisvögel

Im Februar kann man an den Ufern unserer Gewässer die Balzfütterung des Eisvogels beobachten, ein spatzengroßer Vogel mit prächtig schillerndem Federkleid. Bei dieser Prozedur überreicht das Männchen dem Weibchen mit einer Verbeugung kleine Fische, die dieses mit zitternden Flügeln entgegennimmt. Nach Ansicht von Ornithologen stärkt die Balzfütterung die Paarbindung, dient aber wohl auch der Beurteilung des Partners. Außerdem erhält das Weibchen so genügend Nahrung, um die sechs bis sieben Eier seines Geleges zu produzieren. Die Balzfütterungen finden vor allem während der Bauzeit der Bruthöhle statt.

Eisvögel nisten in Höhlen, die sie mit dem Schnabel in lehmige oder sandige Uferböschungen graben. Dazu fliegen die kleinen Vögel solange mit ihrem dolchartigen Schnabel gegen die Böschung, bis sie ein kleines Loch »gebohrt« haben. Haben die Eisvögel erst einmal genug Platz geschaffen, um darauf stehen zu können, wird der Eingangstunnel durch Lospicken des Materials mit dem Schnabel und anschließendes Herausschaufeln mit den Füßen auf eine Länge von bis zu 100 cm verlängert und am Ende zu einem baseballförmigen Brutkessel erweitert.

Die eigentlichen Begattungen können mit oder ohne vorangehende Balzfütterungen mehrmals am Tag stattfinden.

## Blüten im Schnee

Eine besondere Freude ist es, nach den langen und oft tristen Wintermonaten schon im Februar die ersten Blüten im Jahr beobachten zu können. Schließlich weiß doch jedes Kind, wenn die Schneeglöckchen blühen, wird der Frühling eingeläutet. Schneeglöckchen, Seidelbast, Krokus und Co. lassen sich von den kalten Temperaturen nicht

Das Balzfüttern von Eisvögeln kann man mit viel Glück im zeitigen Frühjahr beobachten.

Der Frühlingskrokus ist als beliebter Frühjahrsblüher auch in zahlreichen Zuchtformen in Gärten und Parks weit verbreitet.

abschrecken und bringen auch endlich wieder Farbe in die Natur. Besonders beeindruckend ist es, wenn die Blüten durch die Schneedecke hindurchdrängen oder nochmals von einem letzten winterlichen Schneefall eingehüllt werden. Das frühe Austreiben und Blühen der »Schneeblüher« wird durch tief im Boden liegende Zwiebeln oder Zwiebelknollen ermöglicht – Speicherorgane, mit denen die mehrjährigen Pflanzen überwintern. Deshalb erscheinen die Pflanzen auch in jedem Vorfrühling wieder an derselben Stelle. Ein schöner alter Aberglaube besagt übrigens, dass man das ganze Jahr über nicht krank wird, wenn man sich mit dem ersten Schneeglöckchen, das man im Vorfrühling sieht, die Augen ausreibt.

## Frühheimkehrer

Kiebitz, Feldlerche, Star, Sing- und Misteldrossel, allesamt so genannte Kurzstreckenzieher, sind die ersten Heimkehrer aus den milderen Regionen West- und Südeuropas. Sie reagieren damit weniger auf die Witterung als vielmehr auf die zunehmende Tageslänge. Die im Jahreslauf unterschiedliche Tageslänge ist generell in der Natur ein wichtiger Zeitgeber für viele Tier- und Pflanzenarten. Alle Frühheimkehrer sind schon im Februar in vielen Teilen Deutschlands zu sehen und zu hören. Kurze Schneeschauer in dieser Jahreszeit machen ihnen nichts aus, solange der Boden wenigstens stellenweise offen bleibt. Geschlossene Schneedecken und durchgefrorene Böden erschweren den Vögeln, die sich von Bodenorganismen und der noch spärlichen Vegetation ernähren, die Nahrungssuche jedoch so massiv, dass sie sich wieder in schneefreie Gebiete zurückziehen müssen. Bei den Frühheimkehrern ist der Zugdrang genetisch weniger stark ausgeprägt als bei den Langstreckenziehern.

Schon im Februar kann man bei uns wieder Stare beobachten. Sie gehören zu den ersten Frühheimkehrern aus dem warmen Süden.

# Stichwortverzeichnis

## Über den Autor

Dr. Mario Ludwig studierte Biologie, Chemie und Geologie an der Universität Heidelberg. Während des Studiums war er in der Fischereiforschung, sowie als Fecht- und Basketballtrainer tätig. Nach Diplom (1987) und Promotion (1991) arbeitete er bis 1992 als Wissenschaftlicher Angestellter am Zoologischen Institut der Universität Heidelberg. 1994 wurde er von der Industrie- und Handelskammer zum »öffentlich bestellten und vereidigten Sachverständigen für Schädlingsbekämpfung und Gewässergüte« ernannt. Seit 1993 arbeitet Mario Ludwig sehr erfolgreich als Autor zahlreicher populärwissenschaftlicher Tier- und Naturbücher, die bereits in mehrere Sprachen übersetzt wurden. Er ist gern gesehener Gast in Fernsehsendungen wie *Johannes B. Kerner*, *3 nach 9*, *Menschen der Woche*, *Welt der Wunder* oder *Galileo Mystery* und lebt mit seiner Frau und zwei Katzen in Karlsruhe.

Mehr Informationen unter: www.mario-ludwig.de

## Impressum

**Bibliografische Information der Deutschen Nationalbibliothek**
Die Deutsche Nationalbibliothek verzeichnet diese Publikation in der Deutschen Nationalbibliografie; detaillierte bibliografische Daten sind im Internet über http://dnb.d-nb.de abrufbar.

3., überarbeitete Auflage (Neuausgabe des Titels »Natur erleben Monat für Monat«)

BLV Buchverlag GmbH & Co. KG
80636 München



**Bildnachweis**
Dachux21- fotolia.com: 132o; Eisenbeiss: 42m, 52o, 104m, 111li, 132m; Eisenreich: 45, 58/59, 72/73, 116/117, 124/125, 134/135; emer – fotolia.com: 56r; Gehrig: 138; Hecker: 8o, 18o, 22, 29l, 31o, 37l, 41m, 46, 47o, 47ul, 53, 55r, 57o, 61, 62, 64r, 74, 78, 81l, 82o, 87o, 101, 109u, 115m, 121l, 121m, 122u, 123u, 126r, 129; König: 66; Limbrunner: 7m, 13u, 25, 27, 35r, 41l, 55l, 56u, 57m, 68, 71m 76, 77or, 79u, 99o, 109o, 127, 133o, 133m; Maren Winter – fotolia.com: 95u; mauritius images / Gerard Lacz: 51; mauritius images / imageBROKER / Frank Paul Fietz: 57u; mauritius images / imageBROKER / Matthias Graben: 83u; mauritius images / Mike Danton / Alamy: 4o; mauritius images / Tom Tookey / Alamy: 90r; mauritius images / United Archives: 35l; M. Schuppich – fotolia.com: 70u, 80; Pforr: 2/3, 8m, 13o, 16, 17l, 17r, 18r, 19u, 23o, 26, 28, 29m, 29r, 30o, 31u, 37r, 38, 41r, 42u, 43m, 48l, 50u, 54, 60, 63, 70o, 80, 84/85, 93m, 94u, 96/97, 102, 105o, 106/107, 118, 119o, 122o, 128, 131r, 137; Pott: 5u, 6, 10/11, 18u, 20/21, 30m, 31m, 32, 39u, 50o, 56o, 93l, 94o, 95o, 99u, 100, 103l, 103m, 103r, 104u, 108, 111r, 113m, 113r, 114m, 123m; Reinhard: 14, 30u, 81m, 82m, 87u, 90l, 91, 105u, 113l, 115o, 119u, 126l, 131l, 133u, 136, 139o; Sauer/Hecker: 42o, 49; Shutterstock/J Nedd: 15; KOO 23u, 83o; LianeM 114; Maglido Photography: 104; Mariola Anna S: 94r; Max Daniel Padt: 9r; photolike 89; Richard P Long 139; Wolfgang Kruck: 19o; yvon52: 105; Willner: 1o, 1m, 1u, 4u, 5o, 7l, 8u, 9o, 9u, 12, 39o, 40, 43o, 43u, 47ur, 52u, 54m, 64l, 65, 69l, 69m, 70m, 71o, 77ol, 77u, 81r, 83m, 88, 92/93, 120; Wothe: 24, 36r, 48r, 79o, 82u, 110, 112, 114u, 121r, 122m, 130, 131m, 132u; Zeininger: 7r, 17m, 19m, 34, 36l, 67, 69r, 71u, 75, 93r, 95m, 98, 115u, 123o
Grafik S. 127: Barbara von Damnitz

Vordere Klappe: Außenseite: Willner: o; Pott: u
Innenseite: Willner: o; Hecker: ul, ur
Hintere Klappe: Innenseite: Hecker: alle
Außenseite: Willner: o; Pforr: u

Umschlagkonzeption und -gestaltung: BLV-Verlag
Umschlagfotos: Vorderseite: Arco Images/Werner Musterer; Rückseite: Max Daniel Padt: l; Pforr: r

Lektorat: Dr. Friedrich Kögel, Christina Redmer
Herstellung: Ruth Bost
Satz und Layout: Uhl + Massopust, Aalen

Gedruckt auf chlorfrei gebleichtem Papier

Printed in Germany
ISBN 978-3-8354-1723-6

www.facebook.com/blvVerlag